BERICHTE ÜBER DIE VERHANDLUNGEN DER SÄCHSISCHEN
AKADEMIE DER WISSENSCHAFTEN ZU LEIPZIG

Mathematisch-naturwissenschaftliche Klasse
Band 102 · Heft 6

PAULA HERTWIG

STRAHLENSCHÄDEN UND STRAHLENSCHUTZ IM ZELLULÄREN BEREICH

AKADEMIE-VERLAG · BERLIN
1957

BERICHTE ÜBER DIE VERHANDLUNGEN DER SÄCHSISCHEN AKADEMIE DER WISSENSCHAFTEN ZU LEIPZIG

Mathematisch-naturwissenschaftliche Klasse

Band 102 · Heft 6

PAULA HERTWIG

STRAHLENSCHÄDEN UND STRAHLENSCHUTZ IM ZELLULÄREN BEREICH

Mit 14 Abbildungen

AKADEMIE-VERLAG · BERLIN

1957

Vorgetragen in der Sitzung vom 17. Dezember 1956
Manuskript eingeliefert am 14. Mai 1957
Druckfertig erklärt am 24. September 1957

Erschienen im Akademie-Verlag GmbH., Berlin W 8, Mohrenstraße 39
Lizenz-Nr. 202 · 100/552/57
Satz und Druck der Buchdruckerei F. Mitzlaff KG., Rudolstadt/Thür. V/14/7 (276)
Bestell- und Verlagsnummer 2027/102/6
Preis: DM 2,—
Printed in Germany

Seit der Entdeckung der Röntgenstrahlen im Jahre 1895 und der radioaktiven Zerfallserscheinungen durch BECQUEREL (1896) und das Ehepaar CURIE (1898), haben sich nicht nur Physik und Technik um die Erforschung und Verwertung dieser Kenntnisse bemüht, sondern auch in immer umfangreicherem Maße Medizin und Biologie. — Leider gesellte sich der wachsenden Einsicht in die diagnostische und therapeutische Bedeutung der hochenergetischen Strahlen auch bald die Erkenntnis von ihren zell- und gewebsschädigenden Wirkungen, und so war es nicht nur ein rein theoretisches Interesse, das Cytologen, Embryologen und Genetiker anregte, das gewaltige, uns heute zur Verfügung stehende Tatsachenmaterial zu erarbeiten, sondern auch der Wunsch, drohenden Gefahren vorzubeugen. Unter diesem Gesichtspunkt ist die biologische Strahlenforschung heute aktueller denn je.

Ich hatte das Glück, als junge Studentin an den Forschungen meines Vaters und meines Bruders über die Wirkung von Radium auf die Keimzellen von Amphibien teilzunehmen. Diesem Forschungsgebiet bin ich unter mancherlei Abwandlung der Problemstellung treu geblieben, und berichte daher über einen Teil meiner Arbeiten, die ich versuchen will, in den umfassenderen Rahmen der augenblicklichen Fragestellungen einzureihen.

Eine Beschränkung auf die Wirkung der hochenergetischen elektromagnetischen und korpuskulären Strahlen ist nötig, ebenso wie ich den unterschiedlichen Effekt der Strahlenarten nur gelegentlich streifen kann.

A. Die mikroskopisch sichtbaren morphologischen Veränderungen nach Bestrahlung der Zelle

a) Veränderungen am Zellkern

Gröbere Veränderungen nach Röntgen- und Radiumbestrahlungen wurden zuerst am Zellkern festgestellt. Abgesehen von der sogenannten Pyknose des Chromatins (POLITZER, 1934) fiel frühzeitig die Fragmentation der Chromosomen auf, von der ich aus der Frühzeit der radiobiologischen Untersuchungen zwei Beispiele zeige, die zunächst nicht genau genug analysiert wurden und bei denen auch die Bestrahlungsdosis nicht festgestellt wurde. Abb. 1 zeigt uns, wie die bekannten vier großen Chromosomen von Parascaris equorum in Einzelstücke zerfallen, die vielleicht den einzelnen Teilen der Sammelchromosomen entsprechen, Abb. 2 zeigt am Cornea-Epithel von Salamandra größere Bruchstücke von Chromosomen, die den Anschluß an die Spindelfasern verloren haben und infolgedessen unregelmäßig auf die Tochterzellen verteilt werden. Man beachte auch die sehr verschiedene Größe der benachbarten Zellen.

Unser heutiges Wissen hat den Stand der zwanziger Jahre weit überschritten und erlaubt uns, recht exakte Aussagen über die morphologischen Veränderungen am Kern zu machen, die ich zunächst ohne Eingehen auf ihre natürlich stets vorhandene Abhängigkeit von der eingestrahlten Dosis zusammenfasse.

1. Man kann kurz nach der Bestrahlung einen *allgemeinen*, nicht *lokalisierten* Effekt beobachten, der auch als primärer oder physiologischer Effekt bezeichnet wird. Beobachtet wurde eine vergröberte Granulation in Kern und Plasma, Veränderungen an der Kernmembran, Verkürzungen der Metaphasechromosomen und Änderungen der Spiralisierung (MARQUARDT, 1948). — Besonders kommt es zu einer Verklumpung des Chromatins infolge einer oft nur oberflächlichen Verklebung der Chromosomen. Die Ursache der Erscheinung ist wahrscheinlich eine Veränderung der Matrix, ein „klebrig"- („sticky") Werden

TAFEL 1

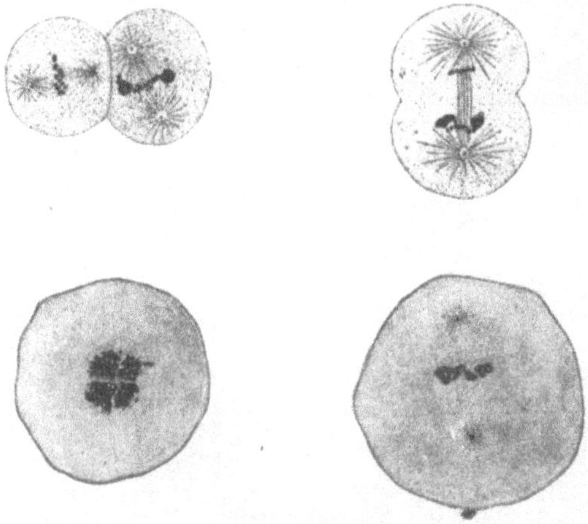

Abb. 1. Erklärung im Text
obere Reihe nach PAYNE, 1913
untere Reihe nach P. HERTWIG, 1911

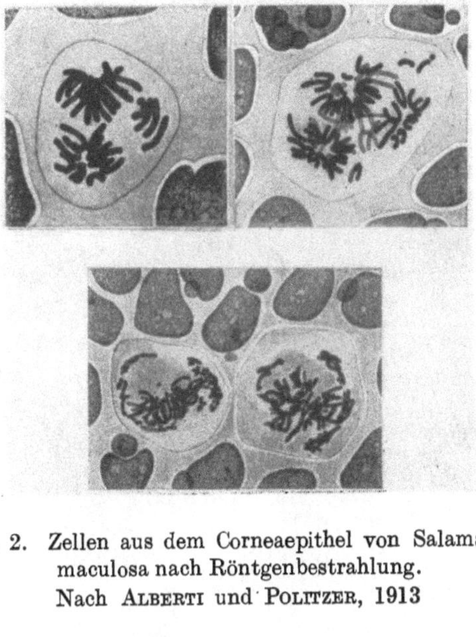

Abb. 2. Zellen aus dem Corneaepithel von Salamandra maculosa nach Röntgenbestrahlung.
Nach ALBERTI und POLITZER, 1913

der Chromosomenoberfläche. Von DARLINGTON (1945) u. a. mehr wird die Erscheinung auf eine Depolymerisation der Desoxy-Nukleinsäure (D.N.S.) zurückgeführt. Diese Wirkung kann nach CARLSON (1948/49) nach 64—4096 r sowohl während der Interphase als auch während der Mitose auftreten, zu Chromosomenaberrationen und Pseudoamitosen oder auch zur Kernpyknose führen. Geringere Grade sind aber reversibel. Sie können zwar die Mitose verzögern, hinterlassen aber keine pathologischen Wirkungen.

2. Von den *lokalisierten* Wirkungen interessieren uns am meisten die Chromosomenbrüche sowohl wegen ihrer Wirkung auf die folgenden Teilungen als besonders wegen der genetischen Folgen.

Wenn ein Chromosom, das ja bekanntlich eine morphologisch und genetisch linear geordnete Feinstruktur besitzt, durch irgendein Ereignis zerbricht, so entstehen zwei freie Enden, die die Fähigkeit haben und die Tendenz zeigen, sich wieder mit einem anderen Bruchende zu einem Ganzen zu vereinigen. Dieses „Ganze" kann das alte Chromosom sein, wenn die ursprünglichen Bruchenden sich wieder zusammenfinden. Man nennt das eine Restitution ad integrum. Es kann aber auch zu einer Fehlvereinigung kommen, die bei einem 1-Bruchereignis die Chromatiden vereinigt, bei einem Mehrbruchereignis zu Deletionen, Transversionen und Translokationen führen kann. Möglich ist auch ein Ausbleiben der Vereinigung und dadurch entstehende Fragmentation; denn es scheint, als ob die Fähigkeit zur Vereinigung der Bruchenden nur während einer begrenzten Zeit möglich ist. Man schätzt (SAX, 1954), daß zwischen Bruch und Restitution etwa 4 Minuten vergehen können, d. h., daß die Heilungsmöglichkeit eines Bruches noch 4 Minuten nach dem Bruch besteht. — Die Zahlen gelten aber wohl nur für die Chromosomen der Tradescantia-Mikrosporen. Brüche, die z. B. in bestrahlten Samenfäden entstehen, bleiben offen bis zur Bildung des Pronucleus im Ei. (H. J. Müller, 1949 — Oster, 1955.)

Von den zahllosen Möglichkeiten der Chromosomenbrüche und neuartigen Wiedervereinigungen seien nur zwei besonders häufige und wichtige Beispiele hervorgehoben. – Erstens der Bruch eines Chromosoms vor der Bildung der Chromatiden (Tochterchromosome) (Abb. 3). In diesem Fall besteht die

Chromosomenbruch mit folgendem Chromosomenstückverlust

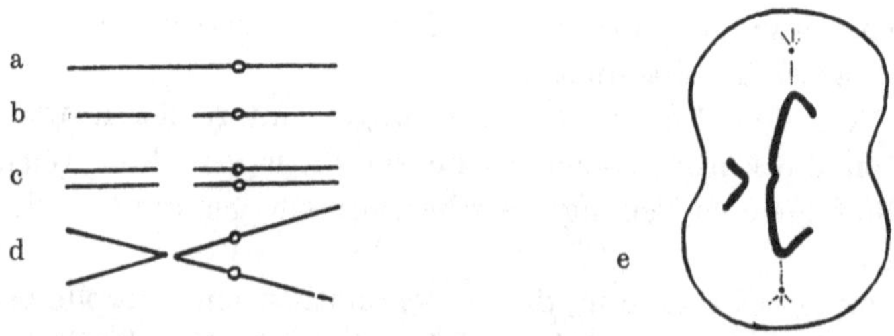

a Chromosomen der frühen Prophase
b Bruch des Chromosoms kurz vor Verdoppelung
c Tochter-Chromatiden vor Bruchverheilung
d Vereinigung der Zwillingsfragmente zu einem acentrischen und zu einem dicentrischen „Isochromosom“
e Zellteilung mit acentrischem Verlust-Fragment und Brückenbildung.

Abb. 3. Schema zum Verständnis für das Entstehen von azentrischen Chromosomenstücken und Chromosomenbrücken als Folge eines Chromosomenbruches. (In Anlehnung an H. J. Muller, 1954)

Möglichkeit, daß sich die Bruchenden der Chromatiden vereinigen. Es entsteht dann eine Chromatide mit einem doppelten Zentromer (Spindelfaseransatz) und entsprechend eine Chromatide ohne Zentromer. Letztere Chromatide wird nicht in den Verteilungsmechanismus der Teilung mit einbezogen und geht verloren. Die andere Chromatide bildet meist eine sogenannte „Brücke“, die willkürlich an irgendeiner Stelle durchreißt. Damit ist die Möglichkeit zu einer erneuten Verschmelzung der Enden der nächsten Chromatiden gegeben, und der Prozeß der Brückenbildung und Fehlverteilung der Chromosomenmasse wiederholt sich von Mitose zu Mitose. Das Ende ist natürlich eine fehlerhafte Ausstattung der Zellen mit Chromosomen- resp. Gensubstanz, was meist Zell-Letalität bedingt. Die zweite hier zu besprechende Möglichkeit ist die Translokation infolge von je einem Bruch in zwei verschiedenen Chromosomen. Die Folge eines solchen Bruchereignisses kann entweder, wie Abb. 4 zeigt, die Bildung von zwei azentrischen

Translokatione nach Brüchen in nicht homologen Chromosomen

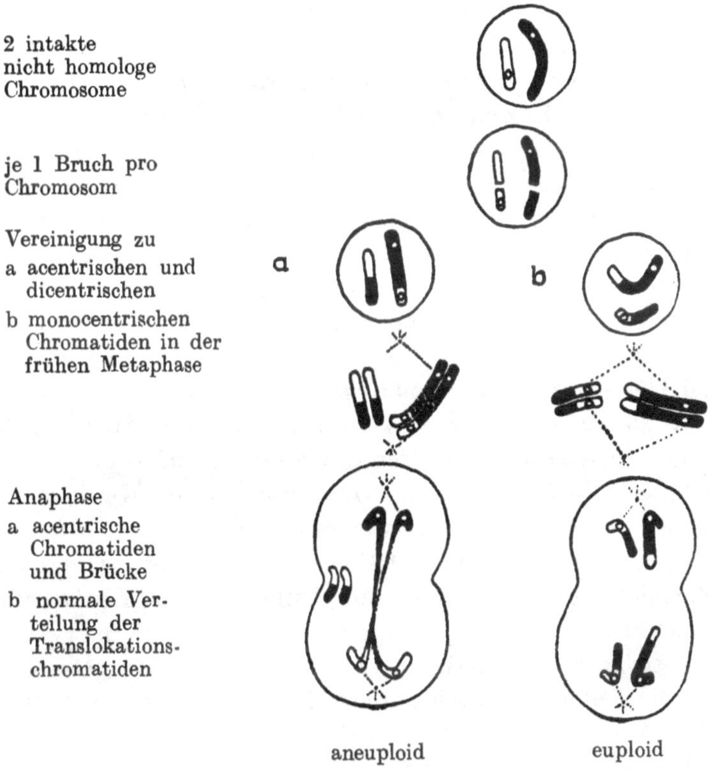

Abb. 4. Schema zum Verständnis der Folgen einer reziproken Translokation. (In Anlehnung an H. J. Muller, 1954)

Chromosomenenden und von zwei „Brücken“ sein, oder die Bildung von euploiden Zellen, d. h. zwei Tochterzellen mit vollständiger Chromosomen- und Genausstattung. Der Fall a führt zu Aneuploidie und meistens wohl zu somatischen Letalwirkungen, der Fall b wirkt sich erst durch die Keimzellen in der folgenden Generation pathogen aus.

b) Die Feststellung der strahlenempfindlichen Phase des Kerns

Durch Untersuchungen an einem besonders günstigen Objekt, an dem Neuroblasten einer Heuschrecke, ist es G. CARLSON (1949) gelungen, sichere Einblicke in die Reaktion des Zellkerns während der Interphase (sog. Ruhekern) und der Mitose zu erhalten. Die embryonalen Neuroblasten können 6—8 Stunden lebend im hängenden Tropfen mikroskopisch beobachtet werden. Es gelang, die relative Dauer der einzelnen Phasen des mitotischen Zyklus festzustellen und Aussagen über die kritische Periode in bezug auf die Strahlenwirkung zu machen. Es ist die späte und sehr späte Prophase. Zellen, die dieses Stadium noch nicht erreicht haben, werden durch die Bestrahlung in der weiteren Durchführung der Mitose gehindert und bleiben auf dem Prophasestadium stehen. Bei Dosen von etwa 250 r scheint der Kern sogar das Interphasestadium wieder anzunehmen. Treffen die Strahlen auf Zellen der Prometaphase, etwa 5 Minuten vor Auflösung der Kernmembran, so wird die Mitose ohne Verzögerung durchgeführt. Nur höhere Dosen (mehr als 250 r) bewirken eine Verzögerung, die wahrscheinlich auf eine verspätete Auflösung der Kernmembran zurückzuführen ist. Die Zellen verweilen dann längere Zeit auf dem Interphasestadium, bis die „Erholung“ eingetreten ist, und die Teilung dennoch durchgeführt wird. Sie tritt nicht bei allen Zellen ein, da je nach der Bestrahlungsdosis auch der Zelltod zu beobachten ist. Diese Feststellung bestätigt den in älteren Arbeiten vielfach beschriebenen Mitosensturz nach der Bestrahlung und, nach einer Periode der überhöhten Mitosezahl, das allmähliche Einschwingen in den üblichen Mitoserhythmus (JÜNGLING und LANGENDORFF, 1930 u. a. m.). Die Dauer der mitosefreien Periode ist dosisabhängig.

Nach CARLSON sind die vorhin beschriebenen, nicht lokalisierten Effekte (Verklebungen — Verklumpungen) beschränkt auf die Zellen, die während der Durchführung der Mitose bestrahlt werden, während Brüche besonders in den Meta- und Anaphasen von Zellen zu beobachten sind, die nach dem mitosefreien Intervall wieder mit der Teilung beginnen. Das stimmt im wesentlichen mit Beobachtungen an pflanzlichen Objekten (Tradescantia, Bellevallia) überein (SAX, 1954; H. MARQUARDT, 1938—50). In den ersten nach der Bestrahlung wieder auftretenden Mitosen herrschen die Chromatidenaberrationen vor (Abb. 3), die später durch Chromosomenaberration (Abb. 4) ersetzt werden. Die ersteren sind in der Prophase, letztere während der Interphase entstanden. Degenerierende Zellen als Bestrahlungsfolge lassen sich zurückführen: 1. auf Zellen, die in der frühen Prophase getroffen wurden und 2. in geringerem Maße auf Zellen im Mitoseablauf. Kernpyknosen (POLITZER) und Störungen des Mitoseablaufes werden als Ursache des Kern- und Zelltodes angesehen. Nach HEVESEY (1945) u. a. spielt die gestörte Synthese der D.N.S. bei der Letalität eine Rolle, denn die Kerne sollen dann am strahlenempfindlichsten sein, wenn die Bildung der D.N.S. stattfindet. — Der letale Effekt braucht nicht immer sofort einzutreten, sondern kann eine Folge der Aneuploidie (vgl. Abb. 4) sein, die sich bemerkbar macht, wenn den Zellen besondere formative Aufgaben gestellt werden, wie z. B. in der Spermiohistogenese, beim Auswachsen von Pollenschläuchen usw.

Besondere Beachtung erfordert die Strahlenresistenz befruchtungsreifer Spermien. Man kann nach Günther HERTWIG (1911) deren Befruchtungsfähigkeit bei Amphibien relativ leicht prüfen sowohl an ihrer Beweglichkeit und Besamungsfähigkeit, als an der Fähigkeit des männlichen Kerns, an der Entwicklung des Keimes teilzunehmen. Wenn der Spermakern dazu nicht mehr in der Lage ist, so entwickeln sich die Larven parthenogenetisch. — Dieser sogenannte HERTWIG-Effekt (Abb. 5) bedingt die paradoxe Erscheinung, daß eine geringere Strahlendosis eine schlechtere Entwicklung als eine höhere bewirkt. Nach Samenbestrahlung zwischen 1000 bis 10 000 r entstehen letal-diploide Gastrulae und Neurulae.

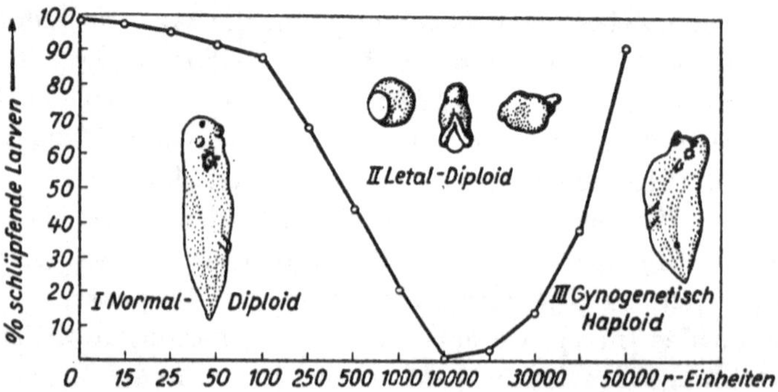

Abb. 5. Pathologische Embryonalentwicklung und haploide Parthenogenese von Froschlarven. Sie entwickelten sich aus Eiern, die mit röntgenbestrahltem Samen befruchtet waren. Bestrahlungsdosen bis zu 10 000 r schließen eine Beteiligung des Samenkernes an der Entwicklung nicht aus, die aber, abhängig von der Bestrahlungsdosis, mehr und mehr pathologisch wird. Bei höheren Dosen ist der Samenkern von der haploid parthenogenetischen Entwicklung ausgeschaltet. Sogenannter HERTWIG-Effekt. Nach Angaben von RUGH (1939) aus HADORN (1955)

Nach 40—50 000 r haploid parthenogenetische Larven nach den Angaben von RUGH (1939), der HERTWIGS Versuche mit genauer Dosierung wiederholte.

Die Beobachtungen über die besondere Empfindlichkeit des mitotischen Zyklus erklärt die bekannte Strahlenempfindlichkeit rasch sich vermehrender Gewebe, wie der Epidermis, der Haarbildungszellen, der blutbildenden und lymphoiden Organe sowie der Fortpflanzungsorgane. Es wird so begreiflich, daß die hauptsächlichsten Strahlenschäden sich in Hautentzündungen, Haarausfall, Darmschäden, Anämien und Sterilitätserscheinungen äußern. Es ist nach dem Gesagten auch verständlich, daß die Gewebe, je nach ihrem Bestand an sich teilenden Zellen, unterschiedlich auf die Bestrahlung reagieren, und daß sich hieraus die Möglichkeit der Strahlenbehandlung des Krebsgewebes ergibt, das sich bekanntlich durch eine hohe Mitoserate auszeichnet. Auch der Vorteil der fraktionierten Bestrahlung wird aus den oben angeführten Beobachtungen des Wiederanstieges der Mitosezahlen nach einer Latenzzeit begreiflich. Zellen, die während der ersten Bestrahlung in der Interphase standen, können bei einer der folgenden Bestrahlungen in ihrer empfindlichen Phase getroffen werden. — Es darf auch nicht vergessen werden, daß im embryonalen und jugendlichen Gewebe die mitotische Zellteilungstätigkeit besonders rege ist, und daß daher Embryonen und junge Feten besonders strahlenempfindlich sind. (L. BRAUCH-RUSSEL, Versuche an Mäusen, 1949—56.)

c) *Genmutationen und cancerogene Wirkung*

Die Darlegung der *sichtbaren* Veränderungen an den Kernen und Chromosomen muß ergänzt werden durch einen Hinweis auf *unsichtbare* Veränderungen, die *Genmutationen*. Es ist selbstverständlich, daß sie in jeder bestrahlten Zelle in der bekannten Dosisabhängigkeit vorkommen. Sie werden aber in diploiden Zellen selten erkennbar und haben auch meist keinen zelletalen Effekt.

Es ist denkbar, daß die bekannte cancerogene Wirkung von energiereichen Strahlen sich auf Mutationen einzelner Zellen zurückführen läßt. Das Wort „Mutation" wird hierbei meistens in erweitertem Sinn angewendet und nicht nur auf Genmutationen und Chromosomenaberrationen, sondern auch auf Dauerveränderungen anderer Zellbestandteile bezogen. — Leider konnte bisher morphologisch kein Anhaltspunkt für irgendeine Veränderung im zellulären Bereich gefunden werden. Jedoch erscheint die direkte Einwirkung auf Zellen besonders wahrscheinlich bei der Einlagerung von Sr^{89}, Mesothorium und Radium in die Knochensubstanz. Dadurch werden häufig Knochentumore (BRUES, 1949) verursacht. Dennoch wird neben der direkten auch die indirekte cancerogene Wirkung über Zerfallsprodukte und Stoffwechseländerungen erörtert, da sich diese Annahme anderen Fällen besser anpaßt.

B. Veränderungen an anderen Zellkonstituenten

Das Auftreten von *abnormen Spindelfiguren* nach Strahleneinwirkungen ist schon lange bekannt (POLITZER, 1934), so besonders von falsch orientierten und von multipolaren Spindeln. Die meisten Autoren sind der Ansicht, daß Spindelabnormitäten nur nach sehr hohen Bestrahlungsdosen auftreten (HENSHAW, 1941, Arbacia-Ei, 62 400 r; CARLSON, Neuroblasten der Heuschrecken, 8000 r u. a. m.). Dem steht die Beobachtung von MARQUARDT (1938) gegenüber, der bei Tradescantia schon nach 360 r Veränderungen an den Teilungsfiguren feststellte. — Über Einzelheiten ist wenig bekannt.

Andere Fibrillensysteme der Zelle, wie Neuro- und Myofibrillen erwiesen sich als sehr strahlenresistent.

Auch eine sichtbare Schädigung der Mitochondrien ist umstritten. W. BLOOM (1948) verneint dieselbe. Für eine weitgehende Resistenz der Mitochondrien spricht auch die geringe Wirkung von Bestrahlungen auf die Atmung, die z. B. bei befruchteten und unbefruchteten Seeigeleiern nach einer Bestrahlung mit 43 000 r unverändert blieb (CHESLEY, 1934). Eine Amöbe (Amoebe chaos) vertrug sogar eine Bestrahlung mit 100 000 r ohne Herabsetzung der Atmung. — Natürlich ist das Atmungsgeschehen in bezug auf Bestrahlung zu komplex, um durch diese beiden Angaben erschöpfend erfaßt zu sein. (Vgl. z. B. H. FRITZ-NIGGLI, 1956 — Hemmung der Atmungsintensität von isolierten Mitochondrien um 10% nach 50 r.) Es soll hier nur darauf hingewiesen werden, daß von einer vorzugsweisen Empfindlichkeit der Mitochondrien kaum die Rede sein kann.

Die *Zellmembranen*, Zelloberhaut und Kernmembranen (vgl. S. 8) sollen nach sehr hohen Dosen anschwellen und ihre Färbbarkeit verlieren. Nach BLOOM sind Bestrahlungen von 1000 bis 3000 r noch wirkungslos. Veränderungen an den Zellmembranen würden natürlich, falls vorhanden, bemerkenswerte Veränderungen des Zellstoffwechsels zur Folge haben.

Am besten ist man noch orientiert über Strahlungsveränderungen am Cytoplasma. Fraglos kommen Viskositätsänderungen vor. Diese Feststellungen gründen sich hauptsächlich auf Beobachtungen an unbefruchteten und frisch befruchteten Eiern von Seeigeln oder anderen Meerestieren (Chaetopterus usw.). WILSON (1949/50), einer der neuesten Bearbeiter seit HEILBRUN (1912) und HENSHAW (1940), nimmt an, daß durch Bestrahlung Heparin oder heparinähnliche Substanzen zerstört werden, und daß hierdurch die mit der Mitose zusammenhängende Gelbildung verlängert wird. — HÄMMERLING (1956) berichtet über reversible Auflockerung des Protoplasmas bei Bestrahlung der Alge Acetabularia mit 6000—15 000 r, die ohne weitere Wirkung blieb, falls der Kern nicht getroffen war.

C. Vergleich der Empfindlichkeit von Kern und Plasma

Vergleicht man die schädigende Wirkung von Bestrahlungen des Kerns und des Plasmas, so kommt man auch heute noch zu der gleichen Feststellung, die O. und G. HERTWIG bereits 1911—1913 aussprachen, daß der Kern weit strahlenempfindlicher ist, wie das Plasma. — Einige neuere Versuche ermöglichen konkrete Aussagen. ULRICH (1955) bestrahlte ungefurchte Drosophila-Eier und zwar abgeschirmte kernhaltige und kernlose Eiteile mit 1000 r. Er bewertet die Strahlenempfindlichkeit von Kern : Plasma gleich 182 : 1. — Ein weiteres günstiges Objekt zur Lösung dieser Frage sind die Eier der Schlupfwespe Habrobracon, da diese die Fähigkeit haben, sich parthenogenetisch zu entwickeln. Nach einer die Eikerne abtötenden Bestrahlung mit über 20 000 r in der Prophase resp. Metaphase der ersten Reifeteilung, entwickelten sich doch noch einige der so behandelten Eier nach Befruchtung zu normalen arrhenotoken Männchen (A. WHITING, 1945). — ROGER und BARTELS bestrahlten das gleiche Objekt mit α-Strahlen, die ein Polonium-Präparat emittierte. Das Ei wurde abgetötet, wenn ein α-Teilchen den Kern passierte. Hingegen mußten durchschnittlich 24 Millionen α-Teile den nicht kernhaltigen, plasmatischen Eibezirk treffen, um 90% der Eier zu töten. — Neuesten Datums ist eine Arbeit der sowjetischen Forscher B. L. ASTAUROV und OSTRIAKOVA-VARSHAVER über das Kern-Plasma-Problem (1957). Eier der Seidenraupe Bombyx mori wurden mit 30 000 r bestrahlt und durch die hierdurch erfolgte Abtötung resp. schwere Schädigung des Eikerns entwicklungsunfähig gemacht. Wurden die gleichen Eier polysperm besamt, wodurch es zu einer diploiden androgenetischen Entwicklung kommen kann, so verlief dieselbe in dem doch so stark bestrahlten Eiplasma normal.

Die Möglichkeit, in vitro Proteine, Aminosäuren, Enzyme usw. zu verändern und zu denaturieren, ist natürlich ebenfalls viel untersucht worden. Um einen deutlich erkennbaren Effekt hervorzurufen, werden meistens weit höhere Dosen als bei Versuchen am lebenden Objekt benötigt. Das Eingehen auf hier bestehende Kontroversen liegt nicht im Rahmen des Themas. (BARRON, 1955, MAASS und Mitarbeiter, 1956). Übereinstimmend sind aber die Angaben über besondere Empfindlichkeit der Nukleinsäuren (Bryan, Darlington, Hevesy, Kusin, Wolf und Atwood).

D. Die Auswirkungen der Kernveränderungen und Genmutationen auf Zelletalität und auf die Nachkommenschaft

An einigen Beispielen soll nun gezeigt werden, wie sich die Schädigung einzelner Zellen und Abänderungen ihres Chromosomen- und Genbestandes auswirken kann.

a) Die Frühentwicklung von Mäuse- und Ratteneiern, die mit bestrahlten Spermatozoen (800—2200 r) befruchtet wurden

In den ersten Furchungsstadien von Säugetiereiern lassen sich sehr gut die Nachwirkungen von Chromosomenbrüchen

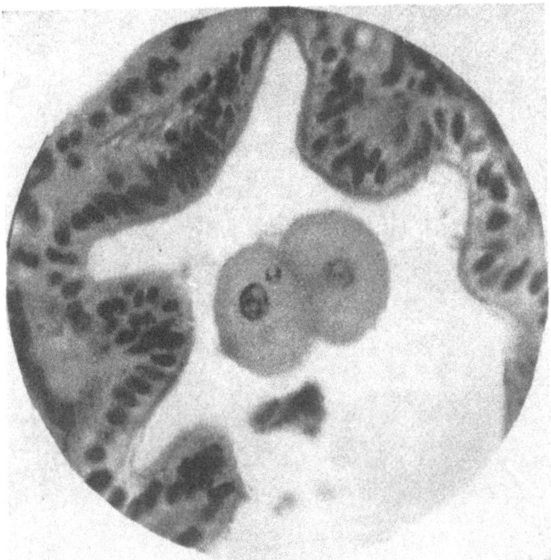

Abb. 6. Zweigeteiltes Mäuseei nach Befruchtung mit Samenfäden, die mit 2200 r bestrahlt waren. In der linken Blastomere ist ein überzähliger Kleinkern zu sehen. Aus H. Brenneke, 1937

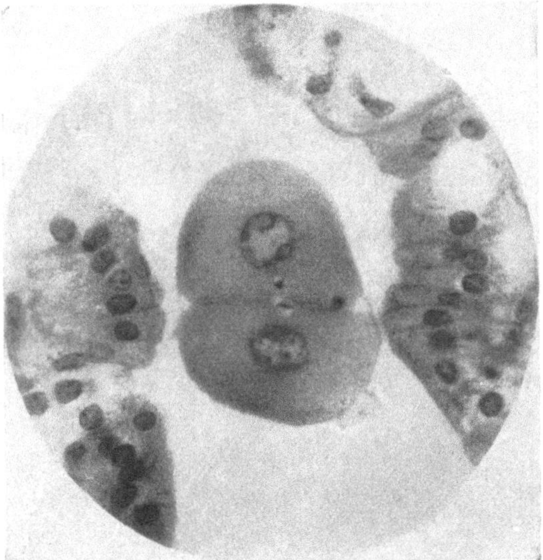

Abb. 7. Zweigeteiltes Mäuseei. Samenbestrahlung 1800 r. Reste einer Brückenbildung in der Teilungsebene. Aus H. Brenneke, 1937

verfolgen. Die azentrischen Chromosomenbruchstücke bilden selbständige Nebenkerne (Abb. 6). Man findet auch nachhinkende Chromosome oder Brückenbildungen (Abb. 7). Mehrfach geteilte Eier zeigen, daß in denselben die Teilkerne an Zahl zugenommen haben. Noch ältere Eier, die sich schon im uterinen Tubenteil befinden, sind im Zerfall. Fraglos bedingen die Nebenkerne abnorme Furchungen, die zum Keimtod führen. Es läßt sich also eine klare Beziehung zwischen Chromosomenbruch und Letalität erkennen, denn zwischen Bruchereignis und Keimtod liegen nur drei bis höchstens sechs Mitosen. — Zwischen der Stärke der Bestrahlung und der Zahl der Eier mit Teilkernen besteht eine klare Beziehung (Abb. 8), ebenso wie zwischen abnormen Eiern und vorgeburtlicher Letalität. — Die Abbildungen sind einer unter meiner Leitung durchgeführten Arbeit von H. BRENNEKE (1937) entnommen.

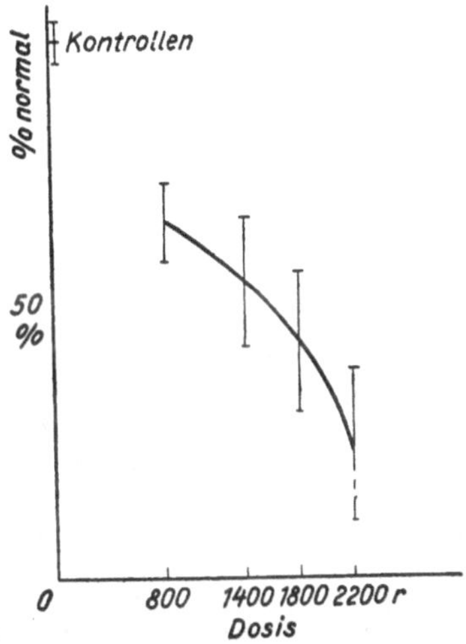

Abb. 8. Abnehmende Prozentzahl der normal gefurchten Mäuseeier nach Spermabestrahlung (800—2200 r). Die senkrechten Striche geben die Fehlergrenzen an. Aus H. BRENNEKE, 1937

b) *Wirkung von Röntgenstrahlen auf Abbau und Regeneration des Samenepithels der Maus*

In Tabelle 1 ist ein recht umfangreiches Material aus eigenen Versuchen sowie aus vergleichbaren Daten anderer Autoren zusammengestellt. Sie vermittelt einen Eindruck in die Fertilitätsverhältnisse nach verschiedenen Bestrahlungsdosen, die größtenteils unter Abschirmung des übrigen Körpers verabreicht wurden. — Die fertile Periode unmittelbar nach der Bestrahlung umfaßt 2—3 Wochen. In dieser Zeit werden die im Nebenhoden gespeicherten, als fertige Spermatozoen bestrahlten Zellen verbraucht. Bei Dosen über 200 r folgt eine sterile Periode, in der keine reifen Spermatozoen entstehen, da das Keimepithel bis auf einige restliche Spermatogonien abgebaut wird. Von diesen Spermatogonien aus erfolgt allmählich wieder eine Regeneration des Keimepithels, die in Abhängigkeit von der Bestrahlungsstärke 4—21 Wochen dauern kann. Nach Abschluß dieser sterilen Periode ist meistens die volle Fertilität wiederhergestellt, sogar nach Bestrahlungen mit 1500 r. Nur nach Dosen von 3000—4000 r tritt dauernde

Tabelle 1

Dauer der fertilen und temporär sterilen Periode nach Röntgenbestrahlung von männlichen Mäusen

Dosis in r	fertile Periode unmittelbar n. Bestrahlung in Tagen	anschließende sterile Periode in Wochen	Autor
600		20	SNELL (1933)
800	16—18	10	
200	dauernde, wenn auch in der 3.—6. Woche reduzierte Fertilität		SCHAEFER (1939)
400	30	4— 5	BRENNEKE (1937) und P. HERTWIG (1938)
500	30	10—15	
600—1200	11—14	10—14	
1500	15	13—21	
3—4000	10	dauernd	
500	21	8	W. RUSSEL (1954)
600	27	4—5	
800	12—14	10	
1000	13	11	
110—160 (Neutronen)	20	10	SNELL und AEBERSOLD (1937)

Sterilität ein. Die Aufstellung läßt sich ergänzen durch die neuesten Befunde von O. P. DOMAREVA (1956), deren Arbeit ich die folgenden Daten entnehme. (Tabelle 2.)

Tabelle 2

Fruchtbarkeit von bestrahlten Tieren 6 Monate nach der Bestrahlung mit 400 r nach DOMAREVA

Alter z. Z. der Bestrahlung	Alter der Tiere z. Z. d. Untersuchung	Zahl der Tiere	% fertil	Durchschnittliche Wurfgröße der Fertilen
Neugeboren . . .	6	14	42,8	5,6
15 Tage alt . . .	6—7	14	85,7	6,6
4—6 Monate alt .	10—12	5	80,0	7,1
Unbestrahlte Kontrollen	6—7	12	100	6,3
	10—12	6	100	6,9

Neu an dieser Arbeit ist die Bestrahlung von Neugeborenen und sehr jungen Tieren, von denen ein größerer Prozentsatz dauernd steril bleibt.

Über die Cytologie des Hodens während der Abbau- und der Aufbauperiode lassen sich genauere Angaben machen. Nach fast übereinstimmender Ansicht sind Spermatogonienmitosen und die Prophasestadien der Spermatogonien zuerst verschwunden. Dadurch wird der Nachschub der Zellen des Keimepithels unterbunden. Das Samenepithel wird abgebaut, indem zuerst die Spermatozyten, dann die Reifeteilungen, die Spermatiden und Spermien schwinden, wie es Tabelle 3 für Bestrahlungen mit 200 und 800 r zeigt. Neue Spermatogonienmitosen pflegen 13—14 Tage nach der Bestrahlung mit 800 r wieder aufzutreten, es folgen die übrigen Stadien der Samenreifung in umgekehrter Reihenfolge wie beim Abbau. Nach 200 r Bestrahlung ist der Vorgang ähnlich, nur daß Abbau und Repopulation sich fast überschneiden. Dies zeigen die Daten meiner früheren Mitarbeiterin H. SCHÄFER. BATEMAN (1956) bestätigt diese Erfahrung in einer kurzen Notiz.

Das cytologische Bild der bestrahlten Hoden zeigt folgendes: Am 4. Tag nach der Bestrahlung mit 800 r (Abb. 9) sind keine Spermatogonienmitosen und nur noch wenig Spermatogonien zu finden.

Tabelle 3

Das Verschwinden und Wiederauftreten der verschiedenen Zelltypen des Keimepithels nach Bestrahlungen mit 200 und mit 800 r

	Tage nach Bestrahlung													
	2	4	6	7	9	11	13	16	18	21	26	32	39	46
Helle Staub-Spermatogonien	◆	◆	◆	◆	◆	◆	◆	◆	◆	◆	◆	◆	◆	◆
		+	+		+		+	+		+	+	+	+	+
Krusten-Spermatogonien							◆	◆	◆	◆	◆	◆	◆	◆
					•		+	+		+	+	+	+	+
Spermatogonien-Mitosen							◆	◆	◆	◆	◆	◆	◆	◆
					•			+		+	+	+	+	+
Junge Spermatozyten	◆	◆	◆								◆	◆	◆	◆
		+	+				•	•		•	+	+	+	+
Große Spermatozyten	◆	◆	◆	◆	◆							◆	◆	◆
		+	+		+		+			•	+	+	+	+
Reifeteilungen . . .	◆	◆	◆	◆	◆	◆							◆	◆
		+	+		+		+			•	+	+	+	+
Präspermatiden . .	◆	◆	◆	◆	◆	◆							◆	◆
		+	+		+		+	•				+	+	+
Spermatiden	◆	◆	◆	◆	◆	◆	◆	◆	◆					◆
		+	+		+		+	+				•	+	+
Spermien	◆	◆	◆	◆	◆	◆	◆	◆	◆	◆	•			+
		+	+		+		+	+		+	+	•		

Die ◆-Zeichen bedeuten Vorhandensein der betreffenden Zellen nach 800 r, die +-Zeichen nach 200 r Bestrahlung. Ein • bedeutet nur vereinzeltes Auftreten der betreffenden Zellen. Die Hoden der 200-r-Serie wurden nur am 4., 6., 9., 13., 16., 21.—46. Tag nach der Bestrahlung fixiert. P. HERTWIG (1938)

In den meisten Tubuliquerschnitten (Tabelle 4) ist das Keimepithel stark reduziert, obgleich noch Spermatozyten und die folgenden Stadien der Spermatogenese anzutreffen sind. Der Zellverband ist gelockert, möglicherweise als Folge des noch umstrittenen Strahlentodes vieler Zellen oder auch als Folge von schlechter Ernährung durch die bestrahlten Sertolizellen und einer Allgemeinschädigung des Tieres. Unfertige

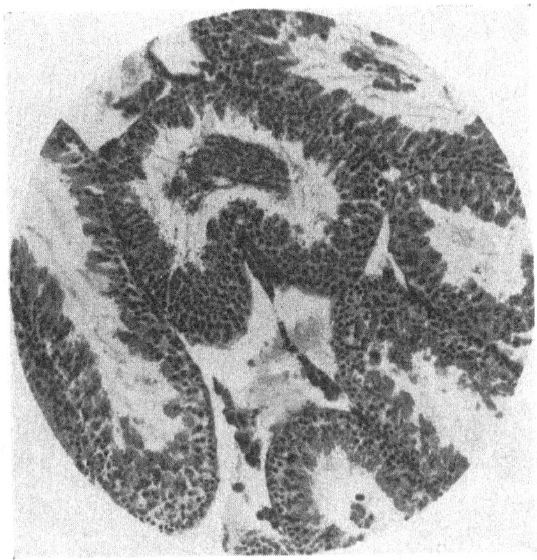

Abb. 9. Schnitt durch einen Mäusehoden, 4 Tage nach Bestrahlung mit 800 r. P. HERTWIG, 1935

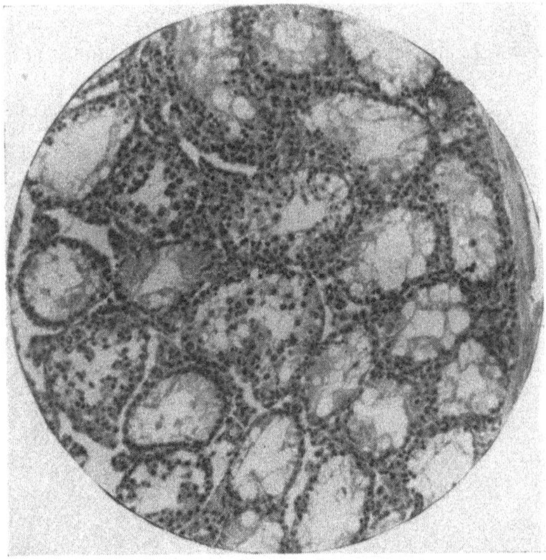

Abb. 10. Mäusehoden, 39 Tage nach Bestrahlung mit 800 r. P. HERTWIG, 1935

TAFEL 4

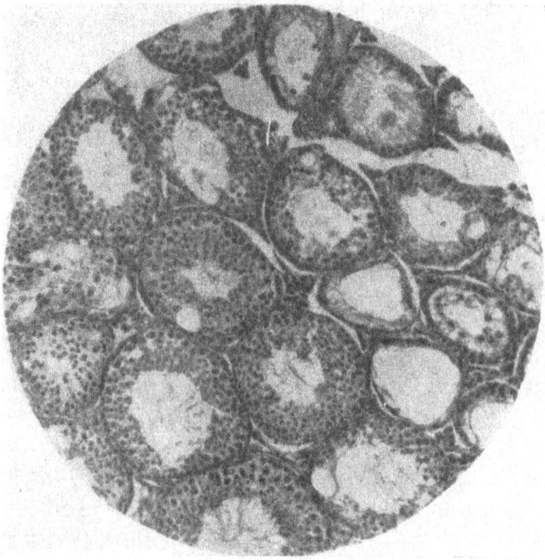

Abb. 11. Mäusehoden, 181 Tage nach Bestrahlung mit 800 r.
P. HERTWIG, 1935

Tabelle 4 nach HERTWIG

Auszählung von Kanälchenquerschnitten mit Spermatogonien und Spermatogonienzahl am 1.—39. Tag nach Bestrahlung mit 800 r

Tage nach Bestrahlung	%-Zahl der Querschnitte mit Spermatogonien	Zahl der Spermatogonien	
		absolut	pro Querschnitt
1	77	123	3,6
2	44	29	1,5
4— 6	14	9	1,1
7—13	22	37	1,7
16—21	25	60	2,4
26—39	38	381	16,6

Keimzellen werden in das Lumen der Kanälchen abgestoßen. — Am 39. Tag nach der Bestrahlung ist die Abbauperiode überschritten und die Epithelien der Tubuli zeigen Regeneration (Abb. 10). Nicht in allen Bereichen der Tubuli contorti ist die Regeneration gleichmäßig weit fortgeschritten. An manchen Querschnitten ist nur das Sertoli-Syncytium zu erkennen, in anderen eine mehr oder minder große Zahl von Spermatogonien, ja auch schon Spermatozyten und Reifeteilungen. — In den folgenden Monaten gehen zwei Prozesse Hand in Hand. Einmal die Besiedelung immer größerer Strecken mit Spermatogonien (Abb. 11) und zweitens die Neubildung des vollständigen Keimepithels in denjenigen Kanälchen, die zuerst ein geschlossenes Grundepithel von Spermatogonien erhalten haben. Die erfolgreiche Durchführung der Spermiogenese ist offenbar erst dann möglich, wenn die Schichtung des Keimepithels in Spermiozyten, Präspermiden, Spermien usw. über größere Strecken hinweg in Ordnung gekommen ist. Aber auch dann sind noch oft Defekte im Keimepithel zu sehen, als Zeichen, daß einzelne Zellstadien ausfallen.

Etwas anders verläuft die Regeneration nach Bestrahlung von neugeborenen Mäusen. Ich verweise wieder auf die Arbeit von DOMAREVA, die von einer dauernden Verkleinerung des Hodens berichtet. In den jugendlichen Samenkanälchen bleiben nur wenige Urspermatogonien (indifferente Zellen nach STIEVE, Follikelzellen im russischen Original) erhalten. Erst nach drei Monaten beginnt die Regeneration und das Auftreten spermatogener Elemente. — Trotz der zahlreichen Untersuchungen seit den grundlegenden Arbeiten von REGAUD und BLANC (1906) über den „Röntgenhoden" (SCHINZ und SLOTOPOLSKY, 1925) bleibt noch vieles an der Röntgenpathologie des Hodens ungeklärt. — Es liegt ein Widerspruch in der von allen Autoren beobachteten Strahlenempfindlichkeit der Spermatogonien und der gleichzeitigen Strahlenresistenz derjenigen Spermatogonien, von denen die Regeneration ausgeht. — Ich nahm seinerzeit (1938) an, daß sich dieser Unterschied durch besondere Empfindlichkeit des Prophasestadiums erklären ließe und deutete das cytologische Bild der „Krustenspermatogonien" als Prophase. — Ähnlicher Ansicht sind heute noch BRYAN und GOWEN (1956), die Mäusehoden mit 320 r bestrahlten, und den D.N.S.-Gehalt der Spermatogonien quantitativ zu erfassen suchten. Sie sehen den zeitweisen Schwund des Keimepithels in einer Verhinderung der Spermatogonienmitosen infolge von Behinderung der D.N.S.-Synthese. In relativ guter Übereinstimmung mit meiner Tabelle 4 ist der Tiefstand der Spermatogonienzahl am dritten Tag nach der Bestrahlung, der Regenerationsbeginn am zehnten Tag erreicht. —

OAKBERG (1955) gibt eine andere Deutung, die auf neueren Vorstellungen über die Spermatogonien beruht (ROLSHOVEN, 1941), (ROOSEN-RUNGE, 1950). Man unterscheidet zwischen Spermatogonien (Typ A), die im funktionierenden Hoden als ruhende oder „schlafende" Zellen vorhanden sind, und Typ B-Spermatogonien, die sich vom Typ A ableiten und in einem bestimmten Rhythmus Spermatocyten liefern. — Schließt man sich dieser Ansicht an, so dürften die in Tabelle 3 genannten Staubspermatogonien, von denen die Regeneration ausgeht, dem Typ A gleichzusetzen sein.

Wichtig ist ferner, daß OAKBERG den Nachweis von „Zellleichen", die sich hauptsächlich von B-Spermatogonien ableiten, zu bringen versucht. Sie sind nach 600 r am zahlreichsten 12 Stunden nach Bestrahlung. — Da die toten Zellen sehr rasch der Lysis verfallen, sind sie oft übersehen worden.

Eine weitere ungelöste Frage ist die relative primäre Strahlenempfindlichkeit der übrigen spermatogenetischen Stadien. Ch. Auerbach und Slizynski (1956) haben sich jüngst auf Grund genetischer Versuche mit Drosophila und mit Mäusen für eine besondere Strahlenempfindlichkeit der Spermatiden eingesetzt, doch sind ihre Angaben von Bateman (1956) kritisiert worden.

Zusammenfassend läßt sich sagen, daß die Spermiogenesestörungen ebenso wie die ersten Furchungsstadien von Eiern imstande sind, uns einen unmittelbaren Einblick in die Folgen der Kernschädigungen zu verschaffen. Wir stellten Mitosestopp und Zugrundegehen von Zellen fest und als Folge Depopulation des Hodenepithels. Erhalten bleiben einige Zellen, die zur Zeit der Bestrahlung im unempfindlichen Interphasestadium standen und von denen die Regeneration ausgeht.

c) Folgen der Bestrahlung von generativen Zellen in der direkten und weiteren Nachkommenschaft

1. Reziproke Translokationen verursachen Fertilitätsstörungen

Im ersten Teil wurden die Bedingungen, unter denen Chromosomenstückverlagerungen, sogenannte reziproke Translokationen, auftreten können, erörtert. Die Abb. 4 b zeigte, daß dabei auch euploide lebensfähige Zellen entstehen können. So sind auch Individuen, die heterozygote Träger einer euploiden reziproken Translokation sind, durchaus normal, denn sie besitzen ja vollständige Chromosomensätze und Gensortimente. Ihre Sonderstellung tritt erst bei der Keimzellbildung, während der Meiose, zutage und ist in Abb. 12 dargestellt. Man ersieht aus dem Schema, daß heterozygote Translokationsträger euploide und aneuploide Gameten liefern. Beide sind meistens befruchtungsfähig, aber die aneuploiden sind in ihrem Genmaterial nicht ausgeglichen und bedingen Fehlentwicklung und

Reduktionsteilung eines heterozygoten Translokationsträgers

Die zwei möglichen Chromosomenpaarungen in der Metaphase

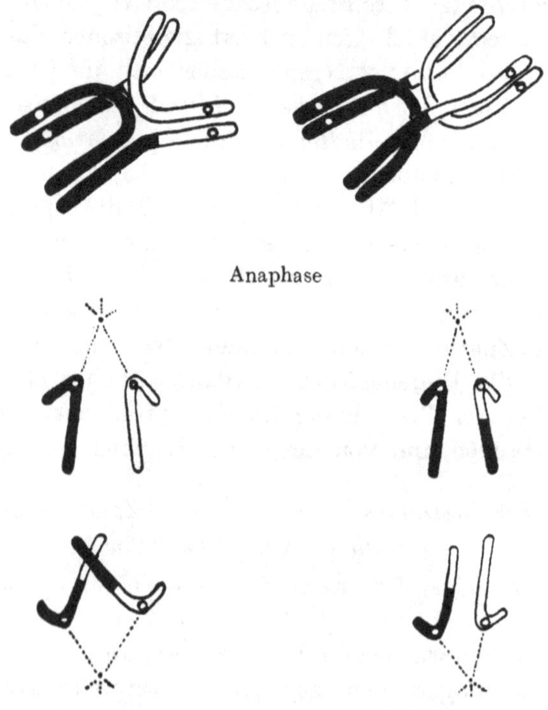

Abb. 12. Das Verhalten eines Chromosomenpaares mit einer reziproken Translokation während der Paarung und in der Anaphase der ersten Reduktionsteilung. Schema nach H. J. MULLER, 1954

Absterben der von ihnen befruchteten Eier. Daraus folgt, daß etwa die Hälfte der Keime eines Weibchens, das von einem heterozygoten Translokationsträger befruchtet wurde, absterben und daß von der normal erscheinenden Hälfte der eine Teil normal, der andere wieder Translokationsträger ist, daß sich also die Semifertilität durch Generationen hindurch weiter ver-

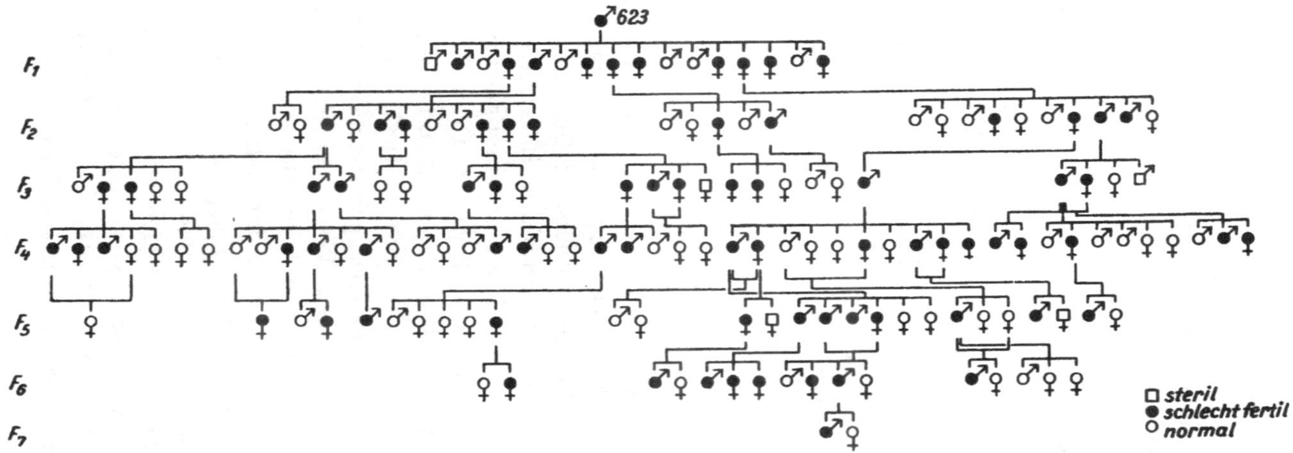

Abb. 13. Nachkommenschaft des Männchens 623, dessen Vater mit 600 r bestrahlt worden war. Die schwarzen Zeichen für Weibchen und Männchen bedeuten, daß die Tiere semifertil sind. Alle semifertilen Tiere wurden mit normalen Partnern angepaart

erbt (Abb. 13). Über die Häufigkeit, mit der absolute und gestörte Fertilität unter den Nachkommen bestrahlter Mäusemännchen auftritt, berichtet Tabelle 5.

Tabelle 5

Fortpflanzungsfähigkeit der Nachkommen von bestrahlten Mäusemännchen.

Autor	Bestrahlungsdosis für Vater in r	Nachkommen in % steril	semisteril	fertil	im ganzen geprüft
SNELL . . .	400—1200 (meist 600—800)	5,8	31,4	62,8	121
HERTWIG .	500—1000 (∅ 764)	11,5	25,3	63,2	182
RUSSEL . .	500—1000 (∅ 669)	8,1	27,0	64,9	37

(Nach einer Zusammenstellung von W. L. RUSSEL.)

2. Die Folgen von Genmutationen

Die im molekularen Bereich ausgelösten Genmutationen treten natürlich erst in der direkten (dominante Genmutationen) oder späteren Nachkommenschaft bestrahlter Elterntiere in Erscheinung (rezessive Mutationen). Über ihre Häufigkeit in Abhängigkeit von der Strahlendosis wissen wir bei Drosophila recht gut Bescheid, weniger gut bei Säugetieren. Exakte Versuche liegen eigentlich nur bei Mäusen vor (SNELL, 1932, 1935; HERTWIG, 1932—1942), und wir verdanken genauere Zahlenangaben in erster Linie den sorgfältigen Versuchen von W. L. RUSSEL (1951). Seinen Berechnungen nach bewirken bei der Maus 200 r im Durchschnitt zwei Mutationen pro Zelle, das ist eine etwa 15 × höhere Zahl, als sie für Drosophila angenommen wird. Sie ist vielleicht für Säugetiere und den Menschen repräsentativ. — In eigenen Versuchen erhielt ich fünf bis sieben subletale Genmutationen unter 118 geprüften Nachkommen aus Bestrahlungsversuchen mit 600—1600 r. — Um ein Beispiel von der Art der Mutationen zu geben, die u. a. in meinen Versuchen die Ausbildung des Pigmentes, des Skelettes, der Augen, des Labyrinthes usw. beeinflussen, erwähne ich hier nur eine aregeneratorische Anämie, die von uns eingehend untersucht wurde und über deren Blutbild die folgende Tabelle Aufschluß gibt.

Tabelle 6

Maus, Stamm 976 (P. HERTWIG und KUNZE)

Erythrocytenwerte in Mill.

Alter in Tagen	normal abs. Zahlen	anämisch abs. Zahlen	anämisch in %
0	3,65	1,58	43
4	3,99	1,26	32
9	5,18	1,67	32
14	5,83	1,58	27
Erwachsen	9,28	4,09	44

E. Deutung der Wirkung von eingestrahlter Energie

a) Treffer-Theorie

Bisher habe ich die mehr oder weniger deutlich erkennbaren Beeinflussungen und Schädigungen der Zellen durch energiereiche Strahlen geschildert, aber noch nicht die Frage nach dem physikalischen oder chemischen *Primäreffekt* in der bestrahlten Zelle gestellt. Dieses hochaktuelle Thema muß jetzt noch kurz behandelt werden, weil das Verständnis der Strahlenschutzmöglichkeiten auf das engste mit der richtigen Antwort verbunden ist.

Auf Grund der Ergebnisse der Zell- und Mutationsforschung wie auch der Feststellung von Abtötungsdosen bei Einzellern, Bakterien und Viren deutete man die Strahlenwirkung als einen molekularen Vorgang im Bereich der Zelle mit weitreichender Fernwirkung. P. JORDAN bezeichnete die ausgelöste biologische Reaktionsfolge als Verstärker-Effekt. A. M. KUSIN (1957) spricht von „Kettenreaktionen, die das allmähliche Anwachsen eines anfangs fast unmerklichen biochemischen Effektes, der durch den Primäreffekt der ionisierenden Strahlen hervorgerufen wurde, verständlich machen". — Worin besteht nun aber der Primäreffekt, was geschieht im Zellbereich? Bis vor wenigen Jahren glaubte man, alle Erscheinungen mit Hilfe der sogenannten *Treffertheorie* erklären zu können. Die *Treffertheorie* geht auf theoretische Überlegungen von F. DESSAUER (1923) zurück und wurde namentlich von CROWTHER (1924, 38), LEA und dem Arbeitskreis um TIMOFÉEFF-RESSOWSKI und ZIMMER (1935—1947), wie von vielen anderen mehr, ausgebaut und experimentell begründet. Eine neue Zusammenfassung und Kritik geben BURTON und MAGEE (1956).

Die Treffertheorie besagt, daß bei der Absorption von Strahlenenergie als Grundvorgang eine Ionisation der getroffenen Atome oder Moleküle stattfindet. Neutrale Atome werden in elektrisch geladene umgewandelt, indem aus ihrer Atomhülle Elektronen herausgeschlagen oder in einen „angeregten" Energiezustand überführt werden. Nicht jede Ionisation in der Zelle ruft eine biologisch erkennbare Wirkung hervor. Für die Entstehung dauernder Veränderungen ist der Bereich der Zelle, in dem die Ionisation stattfindet, von Bedeutung. Es muß eine „empfindliche", d. h. eine für die Zelle unbedingt bedeutungsvolle Struktur getroffen sein. Man bezeichnet das strahlenempfindliche Volumen der Zelle auch als „Trefferbereich" oder „target". Nicht die ganze Zelle, auch nicht ein ganzes Bakter oder Virusteilchen deckt sich mit dem Trefferbereich. Zu den strahlenempfindlichen Volumina einer Zelle gehören die Gene. — Man hat den Trefferbereich auf $^1/_{1000}$ eines Baktervolumens resp. auf einen etwa 100—1000 Atome umfassenden Raum von 1—2 $m\mu^3$ geschätzt. — Man spricht von Eintrefferereignissen, wenn ein Elementarvorgang im Trefferbereich das erwartete Ereignis, wie Bakterientod, Genmutation auslöst. Der „Elementarvorgang" braucht nach erweiterten Auffassungen nicht identisch mit einer einzigen Ionisation zu sein. Für den Chromatidenbruch hält man 15 Ionisationen für notwendig (LEA,

1946) (vgl. aber MULLER, 1954, S. 490). — Eintreffereignisse bilden auch heute noch eine gute Erklärung für viele strahlenbiologische Wirkungen, besonders von solchen, die eine lineare Dosisabhängigkeit von Röntgen- und γ-Strahlen aufweisen und innerhalb ziemlich weiter Grenzen unabhängig von der Wellenlänge und der Dauer der Bestrahlung sind. — Der Beweis für zwei oder mehr Treffereignisse ist erheblich problematischer und keineswegs rechnerisch so gesichert, wie man früher annahm. Die „Treffertheorie" ist nicht beschränkt auf die elektromagnetischen und radioaktiven Strahlungen, sondern ebenso anwendbar auf ultraviolettes Licht und andere Lichtreaktionen der lebenden Substanz.

Es ist nicht uninteressant, daß durch quantenphysikalische Überlegungen in die Biologie, besonders in die Strahlengenetik, eine Indeterminiertheit eingeführt wird, denn es ist ein „zufälliges" Ereignis, ob ein Treffer in ein strahlenempfindliches Volumen fällt und dort eine entscheidende Reaktion auslöst. Der Tod eines bestimmten Bakters, die Auslösung einer Mutation sind zufällige, d. h. indeterminierte Vorgänge. — Wie dann freilich im weiteren Stoffwechsel- oder Entwicklungsgeschehen der Elementarvorgang sich auswirkt, wird bestimmt durch die biologische Bedingtheit der Organismen, durch ihre so unendlich verschiedenartigen Struktur- und Organisationsformen.

Wenn die Treffertheorie in aller Strenge gültig wäre, d. h. wenn die primären Strahlenschäden allein durch absorbierte Energie im „empfindlichen Bereich" entstehen, dann wäre schwer eine andere Möglichkeit des Strahlenschutzes als die Abschirmung durch strahlenabsorbierende Schutzplatten zu ersehen. In den letzten 10 Jahren sind aber mehr und mehr Beweise dafür gefunden worden, daß die Treffertheorie in ihrer ursprünglichen Form nicht aufrechtzuerhalten ist, sondern durch biochemische Gesichtspunkte ergänzt, oder wie manche meinen (BARRON, 1954, DALE, 1954), ersetzt werden muß. Auf alle Fälle ist die Treffertheorie ungeeignet, um Schlüsse auf die Größe eines „empfindlichen Bereiches" zu ziehen.

b) Die biochemische Theorie

Es stimmte nachdenklich, daß durch Stickstofflost (CH. AUERBACH, 1947) wie auch durch andere „radiomimetische" Substanzen, Mutationen ausgelöst werden konnten. — Es bedurfte einer Erklärung, daß die verschiedensten Umwelteinflüsse wie Feuchtigkeit, Temperatur, Drosselung oder erhöhte Zufuhr von Sauerstoff die Radiosensibilität der Organismen verändern können.

Allen neueren radio-chemischen Überlegungen liegen Feststellungen über die Reaktion von Wasser oder von wässerigen Lösungen (J. WEISS, 1922, RISSE, 1928) auf Bestrahlung zugrunde. — WEISS fand eine Aufspaltung des Wassermoleküls in H- und OH-Radikale, wozu noch im sauerstoffhaltigen Medium das stark oxydierende Radikal HO_2 tritt und bei Anwesenheit von H-Atomen oder durch Vereinigung von zwei OH-Radikalen auch H_2O_2 entstehen kann:

Wirkung von energiereichen Strahlen auf Wasser

$$H_2O \longrightarrow HO + H \quad (1)$$

Im Gegenwart von O_2:

$$O_2 + H \longrightarrow HO_2 \quad (2)$$

In Gegenwart von H-Atomen:

$$O_2H + H \longrightarrow H_2O_2 \quad (3)$$

$$OH + OH \longrightarrow H_2O_2 \quad (4)$$

Da nun der hohe Wassergehalt des Plasmas bekannt ist, entstehen diese Radikale mit Sicherheit auch in der Zelle und werden, obgleich sehr kurzlebig, reduzierend (H-Atome) oder oxydierend ($OH < HO_2 < H_2O_2$) auf die Stoffe in unmittelbarer Nähe des Entstehungsortes oder durch Diffusion über kürzere Entfernungen hinweg einwirken können. — Es wäre somit anzunehmen, daß Wasserarmut die Strahlenresistenz der Organismen erhöht, daß Temperaturänderungen die chemischen Abläufe verändert, daß die Radikalbildung durch Sauerstoffmangel verhindert werden kann, daß also schützende Agentien die primären Strahlungsfolgen verhindern können.

c) Schutzwirkungen

Im einzelnen läßt sich über die Schutzwirkungen gegen Strahlen folgendes sagen:

1. Wasserarmut. Wenn der Wasserreichtum der Zellen, wie eben hervorgehoben, die Bildung von schädlichen Radikalen begünstigt, dann müßte Wasserarmut einen Strahlenschutz gewähren. — Die Richtigkeit dieser Folgerung ließ sich an trockenen pflanzlichen Samen beweisen. Gequollene, keimungsbereite Getreidekörner sind gegen Röntgenstrahlen etwa 20—30 mal empfindlicher als trockene (Stadler, 1928, Gustafson, 1941, Knapp und Kaplan, 1942, u. a. m.). Trockene Pilzsporen sind resistenter als angefeuchtete (A. Hollaender, 1952).

2. Temperaturänderungen. Trotzdem es schon lange bekannt war, daß Temperaturerhöhung die Strahlenempfindlichkeit steigert (Holthusen, Ascaris-Ei, 1921), sind auch jetzt noch die Wirkungen von Temperaturänderungen schwer zu verstehen. Alle chemischen Vorgänge sind temperaturabhängig. Eine Senkung oder Erhöhung der Temperatur beeinflußt sowohl die chemische Wirkung der Strahlen im Zellwasser, wie auch die Sauerstofflöslichkeit, aber auch den Ablauf aller chemischen Reaktionen in der Zelle. Bei der Vielfalt der möglichen Ereignisse in der Zelle wird der Erfolg von Temperaturänderungen sehr verschieden ausfallen, verschieden je nach der Spanne der Abänderungsmöglichkeit und je nach dem Sauerstoffmangel. Eingehend haben sich schwedische Forscher (z. B. Nybom und Gustafson, 1953) mit dieser Frage beschäftigt. Sie arbeiteten mit Gerstensamen und benutzten Temperaturen von — 190° C und Bestrahlungsdosen von 5000—20 000 r. Die tiefe Temperatur senkt chromosomal bedingte Gameten-Schäden und embryonale Letalität. — Da die direkte Absorption der Strahlen nicht temperaturempfindlich ist, ergeben die Versuche vielleicht eine Möglichkeit, chemisch bedingte Schäden von „Treffereignissen“ zu trennen.

3. Die Sauerstoffwirkung. Die Schutzwirkung, die durch eine Änderung des Sauerstoffgehaltes in der Zelle oder

auch in ihrer Umgebung bei im Wasser oder wässerigen Lösungen suspendierten Zellen erreicht werden kann, gehört zu den theoretisch sowohl als praktisch wichtigsten Erkenntnissen der letzten Zeit. Die Schutzwirkung des Sauerstoffmangels wurde bereits von SCHWARZ (1909, Einfluß von Ischaemie auf die Empfindlichkeit der Haut) und von HOLTHUSEN (1921, Ascaris-Eier) beobachtet. Aber erst RAPOPORT (1943) und etwas später THODAY und READ (1947) machten auf den Zusammenhang der Schutzwirkung mit der Herabsetzung der Bildung von Radikalen aufmerksam.

THODAY und READ arbeiteten mit Wurzelspitzen von Vicia faba und wiesen nach, daß die Häufigkeit von Chromosomenabänderungen ebenso wie die Wachstumsbehinderung von dem Sauerstoffgehalt des Mediums während der Bestrahlung abhängig ist. Sie zeigten ferner, daß bei Verwendung von α-Strahlen und Neutronen der O_2-Effekt geringer ist als nach Röntgenbestrahlung. Diese Unterschiede werden im Zusammenhang stehen mit der von den verschiedenen Strahlenarten erzeugten Ionisationsdichte, die bei α-Strahlen und Protonen viel größer ist als bei Röntgen- und γ-Strahlen. Immer, wenn aktiviertes Wasser bei der Energieübertragung eine Rolle spielt, bedeutet eine sehr konzentrierte Energie eine Verschwendung. Denn bei hoher Ionenkonzentration setzen reversible, neutralisierende Effekte sofort ein (MAC KEY, 1954). Die Wirkung von α-Strahlen in bezug auf H_2O_2-Entstehung im Wasser ist kaum mehr sauerstoffabhängig und so stehen die Beobachtungen an Vicia faba in guter Übereinstimmung mit der chemischen Mutationstheorie. — Obgleich sich gegen die Versuche mit α-Strahlen einige Einwände machen lassen (H. J. MULLER, 1954, S. 558), kann man die These als gut fundiert bezeichnen, daß bei Reduktion des Sauerstoffgehaltes in der Zelle oder bei Bakterien und Viren im umgebenden Medium, die Strahlenresistenz der Organismen proportional mit der Konzentrationsabnahme steigt.

Sehr schön demonstrieren diesen Effekt Versuche von BURNETT, STAPLETON, MORSE und A. HOLLAENDER (1951) mit Escherichia coli B. — Die Bakteriensuspensionen wurden kurz vor der Bestrahlung mit Stickstoff gesättigt und bei 2° C bis zur Bestrahlung gehalten. Beobachtet wurde die Überlebensrate als Maßstab der Strahlenschädigung (Abb. 14). Eine gleiche

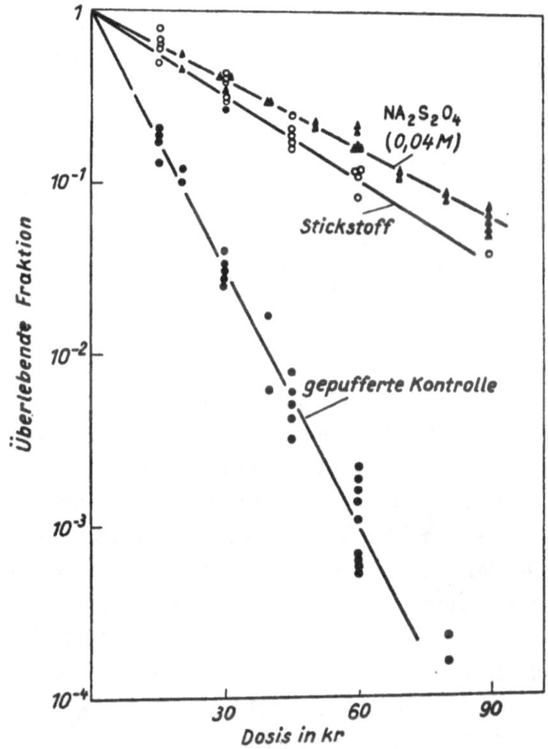

Abb. 14. Die Wirkung einer Stickstoffsättigung und von Natriumhydrosulfit auf die Überlebensrate von Escherichia coli-Bakterien, die in einer Suspension bei 2° C mit 20—90 K r bestrahlt wurden. Nach BURNETT und Mitarbeitern, 1951

Deutung fanden Versuche über letale und teratogene Wirkung von Röntgenstrahlen auf sich entwickelnde Keime von Triton alpestris in dem Mitarbeiterkreis von O. MANGOLD (SANIDES, 1956). Kurzfristiger O_2-Entzug während der Bestrahlung bewirkte bei 100—300 r eine Herabsetzung der Strahlenempfindlichkeit auf die Hälfte.

Besondere Probleme stellten sich bei der Deutung des Sauerstoffeffektes auf die Chromosomenbrüche heraus. Zwar konnten GILES und RILEY (1949, 1950) u. a. m. auch bei dem besten cytologischen Objekt, bei den Mikrosporen von Tradescantia, feststellen, daß die Bruchhäufigkeiten durch den Sauerstoffgehalt während der Bestrahlung beeinflußt werden.

Das definitiv feststellbare Bruch- und Translokationsgeschehen hängt aber von mehreren Ereignissen ab, so von der Zahl der Initialbrüche und von der Häufigkeit der Restitutionen ad integrum. Beide Ereignisse könnten durch O_2-Veränderungen unabhängig voneinander beeinflußt werden (WOLF und ATWOOD, 1954). GILES und Mitarbeiter (1952) sehen den Haupteffekt in der Beeinflussung des Bruchmechanismus, andere (SCHWARTZ, 1952) glauben an eine Begünstigung der Wiedervereinigung (Restitution). SWANSON (1955) stellt in Zusammenarbeit mit LÜNNING ein Schema auf, das sowohl die „Treffertheorie" als den indirekten Effekt berücksichtigt und dem Sauerstoff keinen Einfluß auf bereits eingetretene Brüche zuschreibt, aber einen Einfluß auf die endgültige Trennung bereits vorgebildeter Bruchenden. — Im Gegensatz zu den Ergebnissen mit pflanzlichen Chromosomen zeigten neuere Versuche mit Spermienbestrahlung von Drosophila, daß der Sauerstoffmangel (Stickstoffatmosphäre) die Wiedervereinigung erleichtert. Die Autoren (BAKER, VON HALLE, 1955) weisen auf die besonderen Verhältnisse hin, die bei der Bestrahlung von Drosophila-Spermien vorliegen. Denn bei diesem Objekt sind die Restitutions- und Isochromatidvereinigungen zeitlich von anderen Vereinigungstypen, z. B. den Translokationen, getrennt.

RUSSEL und Mitarbeiter (1951) konnten keinen Sauerstoffeffekt bei der Bestrahlung von Mäusespermatozoen nachweisen, weder in bezug auf dominante Lethalmutationen, die wohl auf Bruchereignisse zurückzuführen sind, noch in bezug auf die Häufigkeit rezessiver Genmutationen.

Auf Sauerstoffmangel mag auch die geringere Empfindlichkeit von schlecht durchbluteten Tumoren rückführbar sein. Auf dem VII. internationalen Kongreß für Radiobiologie verwies DITTRICH besonders auf die Bedeutung der Sauerstoffspannung in Abhängigkeit vom Carcinombett. In der gleichen Richtung, d. h. in schlechterer Sauerstoffversorgung infolge von Atembehinderung oder Temperaturherabsetzung ist die Wirkung von Morphiumderivaten, von Megaphen usw. zu suchen und wohl auch die Erscheinung, daß bei Bestrahlungen während des Winterschlafes (A. KÜNKEL und Mitarbeiter bei Siebenschläfern, 1957) die Strahlenschädigung erst nach dem Erwachen der Tiere, 21 Tage später, wirksam wird.

Wenn sich auch an Hand der jetzt vorliegenden Ergebnisse, von denen natürlich nur eine sehr kleine Auswahl erwähnt werden konnte, ein Sauerstoffeffekt unzweifelhaft ergibt, so bleiben in bezug auf das Verständnis seiner Wirkung noch sehr viele Fragen offen, und das gleiche gilt, wie der folgende Abschnitt zeigen wird, natürlich in noch höherem Grade für die Erörterung der Schutzwirkung von Stoffen, die den Sauerstoffgehalt der Gewebe und Zellen verringern.

4. Chemische Stoffe. Es ist eine große Zahl von chemischen Stoffen mit Schutzwirkung bekannt. Eine besondere Stellung nehmen diejenigen Verbindungen ein, die eine reduzierende Wirkung haben und die im Stoffwechsel Sauerstoff verbrauchen. Ihre Wirkung ist auf Grund der vorangehenden Erörterung über den Sauerstoffeffekt zu verstehen. — So hat ein Zusatz von Natriumhydrosulfit [$Na_2S_2O_4$ (0,04 M)] zu einer Suspension von Colibakterien eine noch etwas bessere Schutzwirkung wie die Stickstoffbehandlung (Abb. 14), denn $Na_2S_2O_4$ vermindert sogar den Sauerstoffgehalt der Zelle. Ähnlich wirken Aethanol und Bal (British Anti Lewisit = Dimerkaptopropanol) (BURNETT und Mitarbeiter, 1951). Leider ist $Na_2S_2O_4$ giftig für Tiere. —

Eine sehr gute Schutzwirkung bei Säugetieren übt Cystein (PATT, 1949), eine Aminosäure mit einer SH-Gruppe, aus.

Diese wasserlösliche Aminosäure dringt leicht in die Zellen von Warmblütlern ein und kann daher an Stellen, die für andere Stoffe nicht zugänglich sind, reduzierend wirken. Ähnlich wirken Cysteamin und andere Cysteinderivate, ferner Mercaptoaethylamin (MAISIN, 1955), Thioharnstoff u. a. m., oder als Verbraucher von Sauerstoff einige Zucker und Alkohole. Besondere Aufmerksamkeit ist freilich der Permeabilitätsfrage zu widmen. Nach K. ERDMANN (1953) dringt Cystein nicht in den Kern von Kaltblütlern ein, eine Beobachtung, die SANIDES an der fehlenden Schutzwirkung von Cystein bei Tritonen bestätigte. —

Zusammenfassend können wir uns die Schutzwirkungen vieler Stoffe so vorstellen, daß sie in den Zellen und Geweben die Radikale, die durch die Bestrahlung entstehen, direkt abfangen oder Sauerstoffmangel verursachen, indem sie mit dem freien Sauerstoff in den Zellen oder in den Gewebssäften reagieren.

Eine besondere Stellung nehmen dabei diejenigen Verbindungen ein, die SH-Gruppen enthalten, sie werden relativ leicht durch ionisierende Strahlen oxydiert, wenn sie sich in wässeriger Lösung befinden. Nach BARRON (1951) werden Enzyme, die Sulfhydrilgruppen besitzen, oder auch andere lebenswichtige Verbindungen, wie Adenosintriphosphatase, schon durch Bestrahlungen mit 200—500 r inaktiviert. Die gleichen Angaben über die Labilität der Sulfhydrilgruppen von Eiweißkörpern unter dem Einfluß ionisierender Strahlen machte CH. S. KOSCHTOJANZ (1951). — Die Oxydation der Sulfhydrilgruppe ist ein reversibler Prozeß und kann daher wieder aufgehoben werden durch die Zufügung von reduzierenden Schwefelverbindungen, wie z. B. von Gluthathion. Allerdings bezweifelt PATT (1950) im Gegensatz zu BARRON, daß in vivo sulfhydrilhaltige Enzyme ebenso durch Bestrahlung inaktiviert werden, wie es in vitro der Fall ist. Abgesehen davon, daß es im lebenden Organismus nicht gelungen ist, die erwartete Oxydation der Sulfhydrilgruppen nach hoher Bestrahlung nachzuweisen, ergaben Berechnungen, daß nur ein sehr kleiner Teil des Sulfhydrilreservoirs oxydiert sein konnte. — A. M. KUSIN (1957) macht darauf aufmerksam, daß unter natürlichen Bedingungen stets die Möglichkeit besteht, daß andere, gleichzeitig in den Geweben anwesende Stoffe eine Schutzwirkung ausüben, und daß dadurch im Leben ganz andere Verhältnisse wie in den in vitro-Versuchen vorliegen. An der Wirkung der Schutzstoffe, wie Cystein, Glutathion, Merkaptoäthylamin (BACQ, 1957) u.a.m. ist jedoch nicht zu zweifeln, so daß diese Wirkung ein indirekter Beweis für die von DALE, BARRON und anderen in den Vordergrund gestellte Wasseraktivierung ist.

Es ist begreiflich, daß die therapeutische Wirkungsweise von Stoffen, die nach der Bestrahlung dem Körper zugeführt werden, womöglich noch unübersichtlicher ist. Sie sollen die sekundären Schädigungen beheben, die durch die gestörte Blutbildung oder durch den Ausfall von Enzymen und Hormonen usw. infolge behinderter Funktionen von Organen auftreten können. Bewährt haben sich Injektionen von Gewebebrei aus Milz, Nebenniere, Knochenmark resp. die Implantation der betreffenden Organe. Auch über dieses Gebiet liegt bereits eine sehr große Literatur vor.

Wenn wir abschließend nach der praktischen Auswirkung der bisherigen Strahlenschutzforschung fragen, so ist das Ergebnis noch nicht befriedigend. Die Temperatursenkung, der Sauerstoffentzug, die Zuführung von Schutzstoffen durch Injektion *vor* der akuten Bestrahlung kann vielleicht in der medizinischen Diagnostik und Therapie eine Rolle spielen, die Mittel sind aber nicht geeignet, um den durch ihre Arbeit mit energiereichen Strahlen oder radioaktiven Stoffen gefährdeten Menschen einen Schutz zu verleihen, und erst recht nicht wirksam gegen die Gefahren einer Atomverseuchung der Lebensräume.

Wir stehen also mit der radiobiologischen Forschung erst am Anfang eines Forschungszweiges, der angesichts der Bedeutung, die die technische Auswertung der Atomenergie im künftigen Leben der Menschen haben wird, mit allen Kräften zu fördern ist.

Jede neue technische Errungenschaft birgt Gefahren, deren Überwindung wir erst lernen müssen. Das Einzigartige und Unheimliche bei der neuen Kraft, die der Mensch sich dienstbar zu machen beginnt, ist ihre mögliche schädigende Auswirkung auf die künftigen Generationen. Dieser neuen und großen Verantwortung muß sich die heutige Wissenschaft bewußt sein.

LITERATUR

Astaurov, B. L., and Ostriakova-Varshaver, 1957. Induction of a complete heterosperm androgenesis in interspecific hybrids of the silk-worm. Bulletin Acad. Scienc. USSR, Biol. ser., Nr. 2, 154—175 (russisch).

Auerbach, Ch., and Robson, J. M., 1947. The production of mutations by chemical stubstances. Proc. Roy. Soc. Edinburgh **62,** 271—283.

Auerbach, Ch., and Slizynski, 1956. Sensitivity of the Mouse Testis to the Mutagenic Action of X-Rays. Nature **177,** 376—377.

Auerbach, Ch., 1954. Sensitivity of the Drosophila testis to the mutagenic action of X-rays. Ztschr. indukt. Abstammungs- u. Vererb.lehre **86,** 113—125.

Bacq, Z. M., 1951. L'action indirecte du rayonnement X. Experientia **7,** 11—19.

Baker, W. K., and von Halle, E. S., 1953. The Basis of the oxygen effect on X-irradiated Drosophila sperm. Proc. Nat. Acad. Scienc. **39,** Nr. 3, 152—161.

Bateman, A. J., 1956. Sensitivity of the Mouse Testis to the mutagenic action of X-rays. Nature **177,** 934.

Barron, E. S. G., 1954. The effect of X-Rays on Systems of Biological Importance. Radiation Biol. **1,** 283—314, by Alexander Hollaender, McGraw-Hill Book Comp. Inc., New York.

Barron, E. S. G., 1951. Thiol groups of biological importance. Advances in Enzymol. **11,** 201—266.

Beatty and Collins, 1956. Effects of various intensities of X radiation on chromosomes aberrations. Amer. J. Bot. **43,** 328—332.

Bloom, W., 1954. Histological Changes after Irradiation. Radiation Biol., Kap. 17, 1091—1144, Vol. I.

Brenneke, H., 1937. Strahlenschädigung von Mäuse- und Rattensperma, beobachtet an der Frühentwicklung der Eier. Strahlentherapie **60,** 1—29.

Brues, A. M., 1949. Biological hazards and toxicity of radioactive isotopes. J. Clin. Invest. **28,** 1286—1296.

Bryan, J. H. D., and Gowen, J. W., 1956. A Histological and cytophotometric study of the effects of X-Rays on the mouse testis. Biol. Bull. **110,** Nr. 3, 229—242.

BURNETT, W. T., STAPLETON, G. E., MORSE, M. L., and HOLLAENDER, A., 1951. Reduction of X-ray Sensitivity of Escherichia coli B/r by Sulfhydryl Compounds, Alcohols, Glycols, and Sodium Hydrosulfite. Soc. Exp. Biol. a. Medicine **77**, 636—638.

BURTON und MAGEE, 1956. Einige chemische Aspekte der Strahlenbiologie. Naturwissenschaft **43**, 433—442.

CARLSON, J. G., 1942. Immediate effects of 31 r of X-rays on the different stages of mitosis in neuroblasts of Chortophaga. J. Morphol. **71**, 449—460.

—, 1948/49. Effects of radiation on mitosis. Symp. Radiation Genetics, Oak Ridge.

—, 1954. Immediate effects on Division, Morphology and Viability of the Cell. Radiation Biol. **1**, Kap. 11, 763—824.

CHESLEY, L. C., 1934. The effect of radiation upon cell respiration. Biol. Bull. **67**, 259—272.

CROWTHER, J. A., 1938. The biological action of X rays. A theoretical review. Brit. J. Radiol. **11**, 132—145.

DALE, W. M., 1955. Kap. III i. Actions chimiques et biologiques des Radiations. Paris, Masson & Co.

—, 1954. Basic Radiation Biochemistry. Radiation Biol., Vol. I, Kap. 4, 255—282.

DARLINGTON, C. D., and LA COUR, L. F., 1945. X-ray breakage and the nucleic acid cycle. J. Genet. **46**, 180—267.

DESSAUER, FR., 1923. Zur Erklärung der biologischen Strahlenwirkung. Strahlentherapie **16**.

—, 1954. Quanten-Biologie. Springer-Verlag.

DITTRICH, 1953. Strahlenwirkung auf Carcinomgewebe abhängig vom Carcinombett, Unterschiede der Sauerstoffspannung. Sonderdruck d. Strahlentherapie. Ergebnisse d. VII. Int. Kongresses f. Radiologie, Kopenhagen, Bd. 32.

DOMAREVA, O. P., 1956. Die Wirkung einer Röntgenbestrahlung des ganzen Tieres auf die Hoden von Mäusen verschiedenen Alters. Zurnal obscej biologii, Moskva, **17**, Nr. 1, 56—67.

ERDMANN, K., 1954. Contribution a l'étude des substances protégeant de l'action des rayons. Proc. 1st Int. Photobiological Congress, Amsterdam, 146—149.

—, 1953. Beitrag zum Problem der Schutzstoffe gegen Strahlenwirkung. Naturwissenschaft **40**, 147 u. 347.

FRIEDRICH, W., und SCHREIBER, 1956. Probleme u. Ergebnisse aus Biophysik u. Strahlenbiologie. VEB G. Thieme, Leipzig.

FRITZ-NIGGLI, H., 1956. Mitoseaktivität und Phasenhäufigkeit nach Bestrahlung von Vicia faba mit 31 MeV- und 180 keV-Röntgenstrahlen. Naturwissenschaften **43**, 112.

GILES, N. H. JR., and RILEY, H. P., 1950. Studies on the mechanism of the oxygen effect on the radiosensitivity of Tradescantia chromosomes. Proc. Natl. Acad. Sci. U. S. **36,** 337—344.

—, BEATTY, A. V., and RILEY, H. P., 1952. The effect of oxygen on the production by fast neutrons of chromosomal aberrations in Tradescantia microspores. Genetics **37,** 641—649.

—, 1954. The oxygen effect on radiation induced chromosome aberrations. Symposium on Radiation, Genetics, Oak Ridge.

GUSTAFSSON, A., 1941. Mutation experiments in barley. Hereditas **27,** 225—242.

HÄMMERLING, J., 1956. Wirkungen von UV- und Röntgenstrahlen auf kernlose und kernhaltige Teile von Acetabularia. Ztschr. Naturforsch. **11 b,** 217—221.

HENSHAW, P. S., 1941. The induction of multipolar cell division with X-rays and its possible significance. Radiology **36,** 717—724.

—, 1940 a. Further studies on the action of roentgen rays on the gametes of Arbacia punctulata. I. Delay in cell division caused by exposure of sperm to roentgen rays. Amer. J. Roentgenol. Radium Therapy **43,** 899—906.

—, 1940 b. — II. Modification of the mitotic time schedule in the eggs by exposure of the gametes to roentgen rays. Amer. J. Roentgenol. Radium Therapy **43,** 907—912.

—, 1940 c. — V. The influence of low temperature on recovery from roentgen-ray effects in the eggs. Amer. J. Roentgenol. Radium Therapy **43,** 921—922.

—, 1940 d. — VI. Production of multipolar cleavage in the eggs by exposure of the gametes to roentgen rays. Amer. J. Roentgenol. Radium Therapy **43,** 923—933.

HERTWIG, G., 1911. Radiumbestrahlung unbefruchteter Froscheier und ihre Entwicklung nach Befruchtung mit normalen Samen. Arch. mikr. Anat. Entwicklungsmech. **77,** 165—209.

—, G., 1913. Parthenogenesis bei Wirbeltieren, hervorgerufen durch artfremden radiumbestrahlten Samen. Arch. f. mikr. Anat. **81,** Abt. II.

—, O., 1911. Die Radiumkrankheit tierischer Keimzellen. Ein Beitrag zur experimentellen Zeugungs- u. Vererbungslehre. Arch. mikr. Anat. u. Entwicklungsmech. **77,** 1—164.

—, P., 1911. Durch Radiumbestrahlung hervorgerufene Veränderungen in den Kernteilungsfiguren von Ascaris meg. Arch. mikr. Anat. Entwicklungsmech. **77,** 301—312.

—, P., 1927. Partielle Keimesschädigungen durch Radium- und Röntgenstrahlen. Sonderdruck Handbuch d. Vererbungswissenschaft, Bd. III.

HERTWIG, P., 1935. Sterilitätserscheinungen bei röntgenbestrahlten Mäusen. Ztschr. indukt. Abstammungs- u. Vererb.lehre, **70.**

—, P., 1938. Die Regeneration des Samenepithels der Maus nach Röntgenbestrahlung, unter besonderer Berücksichtigung der Spermatogonien. Arch. exper. Zellforsch. **22.**

—, P., 1938. Unterschiede in der Entwicklungsfähigkeit von F_1-Mäusen nach Röntgen-Bestrahlung von Spermatogonien, fertigen und unfertigen Spermatozoen. Biolog. Zbl. **58,** Heft 5/6.

—, P., 1940. Vererbbare Semisterilität bei Mäusen nach Röntgenbestrahlung, verursacht durch reziproke Chromosomentranslokationen. Ztschr. indukt. Abstammungs- u. Vererb.lehre **79,** H. 1, 1—27.

—, P., und BRENNEKE, H., 1937. Die Ursachen der herabgesetzten Wurfgröße bei Mäusen nach Röntgenbestrahlung des Spermas. Ztschr. indukt. Abstammungs- u. Vererb.lehre **72,** H. 3/4.

HEVESY, G., 1945. On the effect of roentgen rays on cellular division. Rev. mod. Phys. **17,** 102—111.

HOLLAENDER, A., 1952. Physical and chemical factors modifying the sensitivity of cells to high-energy and ultraviolet radiation, in Symposium on radiobiology (Oberlin, 1950), ed. J. J. Nickson. John Wiley & Sons, Inc. New York, 285—295.

—, BAKER, W. K., and ANDERSON, E. H., 1951. Effect of oxygen tension and certain chemicals on the X-ray sensitivity of mutation production and survival. Cold Spring Harbor Symposia Quant. Biol. **16,** 315—326.

HOLTHUSEN, H., 1921. Beiträge zur Biologie der Strahlenwirkung. Untersuchungen an Askarideneiern. Pflügers Arch. ges. Physiol. **187,** 1—24.

JÜNGLING, O., and LANGENDORFF, H., 1930. Über die Wirkung verschieden hoher Röntgendosen auf den Kernteilungsablauf bei Vicia faba equina. Strahlentherapie **38,** 1—10.

JORDAN, P., 1939. Zur Quanten-Biologie. Biolog. Zbl. **59.**

KNAPP, E., und KAPLAN, R., 1942. Beeinflussung der Mutationsauslösung und anderer Wirkungen der Röntgenstrahlen bei Antirrhinum majus durch Veränderung des Quellungszustandes des zu bestrahlenden Samens. Ztschr. indukt. Abstammungs- u. Vererb.lehre **80,** 501—550.

KOSCHTOJANZ zitiert nach Kusin.

KUSIN, A. M., 1957. Die biochemischen Grundlagen der biologischen Wirkung ionisierender Strahlen. Sowjetwissenschaft, Naturwissenschaftl. Beitr. **4.**

KÜNKEL, H. A., HÖHNE, G., und MAASS, H., 1957. Der Einfluß von Cystein und Winterschlaf auf die Überlebensrate röntgenbestrahlter Siebenschläfer. Ztschr. Naturforsch. **12 b,** 144—147.

KUNZE, H.-G., 1954. Die Erythropoese bei einer erblichen Anämie röntgenmutierter Mäuse. Fol. Haematol. **72,** 4.

LANGENDORFF, H., 1936. Über die Wirkung einzeitig verabreichter Röntgendosen auf den rhythmischen Verlauf der Spermatogonienteilungen im Mäusehoden. Strahlentherapie **55.**

LEA, D. E., 1955. Actions of radiations on living cells. Cambridge, Univ. Press.

MAASS, H., Höhne, G., and KÜNKEL, H. A., 1956. Über die Strahlenempfindlichkeit von Enzymen der Rattenleber. Ztschr. Naturforschung **11 b,** 593—598.

MACKEY, J., 1954. Neutron and X-ray experiments in wheat. Hereditas **40.**

MAISIN, J., MAISIN, H., DUNJIC, A., et MALDAGUE, 1955. Radiolesions cellulaires et tissulaires; leurs consequences et leurs reparations. Conference internationale sur l'utilisation de l'energie atomique, Genf.

MARQUARDT, H., 1949. Die Schädigung des Zellkerns durch Röntgenbestrahlung. Experientia **5,** 31.

—, H., 1938. Die Röntgenpathologie der Mitose I und II. Z. Botan. **32,** 401—482.

—, H., 1950. Neuere Auffassungen über einige Probleme aus der Pathologie der Kernteilung. Naturwissenschaften **18,** 416—424; **19,** 433—438.

MULLER, H. J., 1949. Genetic effects of radiation. Symp. on Radiation Genetics, Oak Ridge.

—, 1954. The Nature of the Genetic Effects Produced by Radiation. Radiation Biol., Vol. I, Kap. 7, 351—474.

—, 1954. The Manner of Production of Mutations by Radiation. Radiation Biol., Vol. I, Kap. 8, 475—626.

—, 1955. How radiation changes the genetic constitution. Genfer Atomenergiekonferenz, Nr. 234.

NYBOM, N., LUNDQUIST, U., GUSTAFSSON, A., and EHRENBERG, L., 1953. Biological effects of X-irradiation at low temperatures. Hereditas **39.**

OAKBERG, E. F., 1955. Sensitivity and Time of Degeneration of Spermatogenic Cells Irradiated in Various Stages of Maturation in the Mouse. Radiation Res., Vol. 2, Nr. 4, Academic Press Inc.

OSTER, I. I., 1955. Modification of X-ray mutagenesis in Drosophila. I. Reunion of chromosomes irradiated during spermiogenesis. Genetics **40,** Nr. 5.

PATT, H. M., TYREE, E. B., STRAUBE, R. L., and SMITH, D. E., 1949. Cysteine protection against X irradiation. Science **110,** 213—214.

PATT, H. M., 1953. Protective mechanisms in ionizing radiation injury. Physiol. Rev. **33,** 35—76.

—, and BRUES, A. M., 1954. The pathological Physiology of Radiation Injury in the Mammal. I. Physical and Biological Factors in Radiation Action. Radiation Biol., Vol. I, Kap. 14, 919—958.

POLITZER, 1934. Die Pathologie der Zelle. Borntraeger, Berlin.

RAPOPORT, J. A., 1943. Oxidation and the mechanism of action of mutagenous factors. Zhur. Obshchel. Biol. **4,** 65—72.

REGAUD, C., and DUBREUIL, G., 1908. Perturbations dans le développement des oeufs fécondés par des spermatozoides Roentgénisés chez le lapin. Compt. rend. Soc. Biol. **64,** 1014—1016.

RISSE, O., 1928. Ztschr. physik. Chemie, Abt. A, **140,** 133.

ROGERS und v. BORSTEL, 1955. Differential Sensitivity of the Nuclear and Non-nuclear Elements of the Habrobracon Egg to Polonium Alpha Particles. Am. Assoc. Advance. Sci., Atlanta. 26—31.

ROLSHOVEN, 1941. Anat. Anz. **91.**

ROOSEN-RUNGE, E. C., 1951. Quantitative studies on spermatogenesis in the albino rat. II. The duration of spermatogenesis and some effects of colchicine. Amer. J. Anat. **88,** 163—176.

RUGH, R., 1939. Developmental effects resulting from exposure to X-rays. I. Effect on the embryo of irradiation of frog sperm. Proc. Amer. Phil. Soc. **81,** 447—471.

RUSSELL, LIANE BRAUCH, 1955. Hazards to the embryo and fetus from ionizing, radiation. Genfer Atomenergiekonferenz, Nr. 77.

—, and RUSSELL, W. L., 1954. An analysis of the changing radiation response of the developing mouse embryo. J. Cellular Comp. Physiol., Suppl. (In press.)

—, W. L., 1954. Genetic Effects of Radiation in Mammals. Radiation Biol., Vol. I, Kap. 12, 825—859.

—, W. L., KILE, J. C., and RUSSELL, L. B., 1951. Failure of hypoxia to protect against the radiation induction of dominant lethals in mice. Genetics **36,** 574.

SANIDES, FR., 1956. Die letale und teratogene Wirkung von Röntgenstrahlen auf ungefurchte Keime und Gastrulen von Triton alpestris in verschiedenartigem Milieu. Biol. Zbl. **75,** H. 3/4, 149.

SAX, K., 1954/55. Evaluation of recombination theory. Symp. on Radiation Genetics, Oak Ridge.

SCHAEFER, H., 1939. Die Fertilität von Mäusemännchen nach Bestrahlung mit 200 r. Ztschr. mikr.-anat. Forschung **46,** 121—152.

SCHINZ, H. R., and SLOTOPOLSKY, 1925. Der Röntgenhoden. Ergebn. med. Strahlenforsch. **1,** 443—526.

SCHWARTZ, D., 1952. The effect of oxygen concentration on X-ray induced chromosome breakage in maize. Proc. Natl. Acad. Sci. U. S. **38,** 490—493.

SCHWARZ, G., 1909. Über Desensibilisierung gegen Röntgen- und Radiumstrahlen. Münch. med. Wschr. **56,** 1217—1218.

SNELL, G. D., 1932. The effect of X-rays on the fertility of the male house mouse. Proc. 6th. Intern. Congress Genetics, Brooklyn Bot. Garden, N. Y., **2,** 188.

—, 1935. The induction by X-rays of hereditary changes in mice. Genetics **20,** 545—567.

STADLER, L. J., 1928. The rate of induced mutations in relation to dormancy, temperature, and dosage. Anat. Record **41,** 97.

SWANSON, C. P., 1955. The oxygen effect and chromosome breakage. J. Cellular Comp. Physiol. **45,** Sup. 2.

THODAY, J. M., and READ, J., 1947. Effect of oxygen on the frequency of chromosome aberrations produced by X-rays. Nature **160,** 608.

TIMOFÉEFF-RESSOVSKY, N. W., und ZIMMER, K. G., 1947. Das Trefferprinzip in der Biologie. S. Hirzel Verlag, Leipzig.

ULRICH, H., 1955. Ein Vergleich der Röntgenstrahlenwirkung auf Kern und Plasma des Drosophila-Eies. Biolog. Zbl. **74,** H. 9/10, 498.

WEISS, J., 1944. Nature (London) **153,** 748.

WHITING, A., 1948. Incidence and origin of androgenetic males in X-rayed Habrobracon eggs. Biol. Bull. **95,** 354—360.

WILSON, W. L., 1949/50. Effect of Roentgen rays on protoplasmic viscosity changing during mitosis. Protoplasma **39.**

WOLFF, SH., and ATWOOD, K. C., 1954. Independent X-ray effects on Chromosome breakage and reunion. Proc. Nat. Acad. Sci. **40,** Nr. 3, 187—192.

BERICHTE ÜBER DIE VERHANDLUNGEN DER SÄCHSISCHEN AKADEMIE DER WISSENSCHAFTEN ZU LEIPZIG

MATHEMATISCH-NATURWISSENSCHAFTLICHE KLASSE

Band 97

Heft 1 Prof. Dr. ERICH STRACK / Beobachtungen über den endogenen Anteil des Kot-Stickstoffs
24 Seiten — 8° — 1949 — DM 2,50 (vergriffen)

Heft 2 Prof. Dr. ERNST HÖLDER / Über die Variationsprinzipe der Mechanik der Kontinua
13 Seiten — 8° — 1950 — DM 2,75 (vergriffen)

Heft 3 Dr. H. GERSTNER / Dr. H. BAARK / Dr. H. GRAUL / Der Wechselstromwiderstand der Froschhaut
25 Seiten — 8° — 1950 — DM 2,75

Heft 4 Prof. Dr. HERBERT BECKERT / Existenz- und Eindeutigkeitsbeweise für das Differenzenverfahren zur Lösung des Anfangswertproblems, des gemischten Anfangs-Randwert- und des charakteristischen Problems einer hyperbolischen Differentialgleichung zweiter Ordnung mit zwei unabhängigen Variablen
42 Seiten — 8° — 1950 — DM 9,— (vergriffen)

Heft 5 Prof. Dr. HERBERT BECKERT / Über quasilineare hyperbolische Systeme partieller Differentialgleichungen erster Ordnung mit zwei unabhängigen Variablen. Das Anfangswertproblem, die gemischte Anfangs-Randwertaufgabe, das charakteristische Problem
68 Seiten — 8° — 1950 — DM 14,50 (vergriffen)

Heft 6 Prof. Dr.-Ing. ENNO HEIDEBROEK / Das Verhalten von zähen Flüssigkeiten, insbesondere Schmierflüssigkeiten, in engen Spalten
Nachdruck — 40 Seiten — 24 Abbildungen — 8° — 1952 — DM 5,80

Heft 7 Prof. Dr. HANS SCHUBERT / Über eine lineare Integrodifferentialgleichung mit Zusatzkern
52 Seiten — 8° — 1950 — DM 9,25 (vergriffen)

Heft 8 Dipl. phys. HELMAR KRUPP / Bestimmung der allgemeinen Lösung der Schrödinger Gleichung für Coulomb-Potential
28 Seiten — 8° — 1950 — DM 5,50 (vergriffen)

Band 98

Heft 1 Prof. Dr. WALTER SCHNEE / Über magische Quadrate und lineare Gitterpunktprobleme
48 Seiten — 8° — 1951 — DM 4,65 (vergriffen)

Heft 2 Prof. Dr.-Ing. ENNO HEIDEBROEK / Über die Beziehungen zwischen Schmierung und Verschleiß bei geschmierter Gleitreibung
Nachdruck — 36 Seiten — 5 Abbildungen — 8° — 1954 — DM 2,75

Heft 3 Prof. Dr.-Ing. e. h. KARL KEGEL / Der Salzstock Mirowo bei Provadia in Bulgarien
26 Seiten — 9 Abbildungen — 8° — 1951 — DM 3,— (vergriffen)

Heft 4 Prof. Dr. HERBERT BECKERT / Prof. Dr. HANS SALIÉ / Bemerkungen über die Verbiegung hyperbolisch gekrümmter Flächenstücke / Über Abels Verallgemeinerung der binomischen Formel
22 Seiten — 2 Abbildungen — 8° — 1951 — DM 2,25

Heft 5 Prof. Dr. ERICH STRACK / Die Dauerinfusion als Verfahren zur Erforschung des Kohlenhydratstoffwechsels des Tierkörpers
20 Seiten — 8° — 1952 — DM 2,—

Band 99

Heft 1 Prof. Dr. HEINRICH BRANDT / Über das quadratische Reziprozitätsgesetz
18 Seiten — 8° — 1951 — DM 1,70 (vergriffen)

Heft 2 Prof. Dr. GEORG SPACKELER / Der Gebirgsdruck und seine Beherrschung durch den Bergmann
36 Seiten — 12 Abbildungen — 8° — 1951 — DM 1,65 (vergriffen)

Heft 3 Prof. Dr. ERNST DIEPSCHLAG / Die Anwendbarkeit der Regelungstechnik in der Hüttenindustrie
38 Seiten — 12 Abbildungen — 8° — 1952 — DM 3,90

Heft 4 Prof. Dr. ALBERT FROMME / Die Bedeutung der Entwicklungsgeschichte, besonders des Mesenchyms für die Klinik
24 Seiten — 8° — 1952 — DM 1,75 (vergriffen)

Heft 5 Dr. ROBERT BÖKER / Die Entstehung der Sternsphäre Arats
68 Seiten — 4 Abbildungen — 2 Ausschlagtafeln — 3 Tabellen — 8° — 1952 — DM 5,60

Band 100

Heft 1 Prof. Dr. HEINRICH BRANDT / Über Stammfaktoren bei ternären quadratischen Formen
24 Seiten — 8° — 1952 — DM 2,25

Heft 2 Dr. PAUL GÜNTHER / Zur Gültigkeit des Huygens'schen Prinzips bei partiellen Differentialgleichungen vom normalen hyperbolischen Typus
43 Seiten — 8° — 1952 — DM 5,—

Heft 3 Dr. ALFRED MÜLLER / Die Schaubarkeit in der Axonometrie
22 Seiten — 3 Ausschlagtafeln — 8° — 1952 — DM 3,—

Heft 4 Prof. Dr.-Ing. ENNO HEIDEBROEK / Die Beziehungen zwischen Härte, Schmierung und Verschleißfestigkeit
Nachdruck — 40 Seiten — 10 Abbildungen — 8° — 1954 — DM 3,40 (vergriffen)

Heft 5 Prof. Dr. ROBERT SCHRÖDER / Frauenheilkunde in Forschung und Praxis
22 Seiten — 8° — 1952 — DM 1,35

Heft 6 Dr. ROLF REISSIG / Die pandiagonalen Quadrate vierter Ordnung
54 Seiten — 8° — 1952 — DM 5,—

Heft 7 Prof. Dr. MAX ROBITZSCH † / Die Erforschung der Atmosphäre, ihre Methodik und ihre Probleme
30 Seiten — 12 Abbildungen — 4 Kunstdrucktafeln — 8° — 1953 — DM 2,50

Band 101

Heft 1 Prof. Dr. KURT SCHWABE / Periodische Erscheinungen bei der anodischen Auflösung des Zinks
33 Seiten — 14 Abbildungen — 8° — 1954 — DM 3,—

Heft 2 Dr. UDO PIRL / Positive Lösungen einer nichtlinearen Integralgleichung
44 Seiten — 2 Abbildungen — 8° — 1953 — DM 4,—

Heft 3 Dr. JOACHIM FOCKE / Asymptotische Entwicklungen mittels der Methode der stationären Phase
Nachdruck — 48 Seiten — 8° — 1957 — DM 4,80

Heft 4 Prof. Dr. HANS SALIÉ / Zur Verteilung natürlicher Zahlen auf elementfremde Klassen
26 Seiten — 8° — 1954 — DM 2,50

Heft 5 Prof. Dr.-Ing. ENNO HEIDEBROEK / Die Verantwortlichkeit des Ingenieurs
22 Seiten — 8° — 1954 — DM 1,—

Heft 6 Prof. Dr. HANS SCHUBERT / Dr. ERICH SCHINCKE / Zur Ermittlung von Unterschallströmungen mit der Transformationsmethode bei quadratischer Approximation der Adiabate
32 Seiten — 6 Abbildungen — 2 Tabellen — 8° — 1955 — DM 2,30

Heft 7 Dr. HELMUT SCHAEFER / Neue Existenzsätze in der Theorie nichtlinearer Integralgleichungen
40 Seiten — 8° — 1955 — DM 2,40

Band 102

Heft 1 Dr. PAUL GÜNTHER / Über einige spezielle Probleme aus der Theorie der linearen partiellen Differentialgleichungen zweiter Ordnung
50 Seiten — 8° — 1957 — DM 4,60

Heft 2 Prof. Dr. HANS SCHUBERT / Dr. ERICH SCHINCKE / Zum Konturproblem der Hodographenmethode im Unterschall *In Vorbereitung*

Heft 3 Prof. Dr. FRANZ RUNGE / Über die Polymerisation ungesättigter organischer Verbindungen *In Vorbereitung*

Heft 4 Dr. VICTOR VALCOVICI / Une extension des liaisons non holonomes et des prinzipes variationnels *In Vorbereitung*

Heft 5 Dr. ROLF KLÖTZLER / Beiträge zur Theorie mehrdimensionaler Variationsprobleme mit geknickten Extremalen *In Vorbereitung*

Bestellungen durch eine Buchhandlung erbeten

AKADEMIE-VERLAG · BERLIN

FSC
www.fsc.org
MIX
Papier | Fördert gute Waldnutzung
FSC® C083411

Zeitfracht Medien GmbH
Ferdinand-Jühlke-Straße 7
99095 Erfurt, Deutschland
produktsicherheit@kolibri360.de